Schulmeyer

Manfred Dubig: Technische Hilfe

Technische Hilfe

Manfred Dubig

Handbuch Feuerwehr
(Hrsg. Wolfgang Gabler)

ISBN 3-88293-057-8
1998, 2. Auflage

Am Krekel 47
35039 Marburg
Telefon (0 64 21) 17 32 60
Telefax (0 64 21) 17 32 69

Inhaltsverzeichnis

Vorwort

Dieses Buch behandelt die Einsatzbereiche der Technischen Hilfeleistung. Es soll insbesondere für Teilnehmer an Lehrgängen „Technische Hilfeleistung“, für den Ausbilder und in der täglichen Praxis ein hilfreiches Nachschlagewerk sein. Der Autor hat sich bemüht, aus einer Vielzahl von Literaturquellen alles Wesentliche der Gesamtthematik „Technische Hilfeleistung“ zusammenzufassen. Jedoch alle Geräte der Technischen Hilfeleistung zu behandeln, würde aufgrund der Typenvielzahl und ständigen Weiterentwicklung dem Ansinnen des Buches nicht entsprechen.

Das Einsatzspektrum der Technischen Hilfeleistung bei den Feuerwehren hat sich aufgrund der technischen Entwicklung und Vervollkommnung der Ausrüstung enorm ausgeweitet, was die Aufzählung der Einsatzarten und Tätigkeitsbereiche unter Punkt 3 deutlich macht. Hilfeleistungseinsätze machen das zwei- bis vierfache der Gesamteinsätze der Berufs- und Freiwilligen Feuerwehren aus, wie die Einsatzstatistiken belegen. In diesem Handbuch werden die wichtigsten Aggregate und Geräte ausführlich in ihrer Funktion und Handhabung beschrieben sowie durch viele Zeichnungen, Abbildungen und Grafiken ausführlich erläuternd dargestellt. Einsatzhinweise für den Umgang mit Geräten und Aggregaten aber auch taktische Vorgehensweisen in den wichtigsten Einsatzarten werden herausgearbeitet.

Manfred Dubig

Hinweis

Die Angaben wurden mit Sorgfalt, nach bestem Wissen und Gewissen gemacht. Das Buch gibt den Stand der Technik und die Erfahrungen eines großen, mit „Technischer Hilfeleistung“ befaßten Personenkreis wieder. Eine Haftung oder Ansprüche aus diesen Angaben sind jedoch ausgeschlossen.

Die Angaben ersetzen nicht die Informationspflicht und Prüfung der Gegebenheiten durch den Nutzer.

1. Einleitung

Die Feuerwehr hat im Rahmen ihrer Tätigkeiten neben der Brandbekämpfung eine Vielfalt von Einsatzaufgaben zu erfüllen. So hat sie nach geltenden Gesetzen bei allen Notständen und Notlagen, die nicht durch Selbsthilfe beseitigt werden können, Hilfe zu leisten. Sie hat vorallem dort Hilfe zu leisten, wo entsprechende Feuerwehrfachkenntnisse und technische Mittel erforderlich sind. Für die Technische Hilfeleistung definiert die Feuerwehrdienstvorschrift **FWDV 13/1** Technische Hilfeleistung als Maßnahmen zur Abwehr von Gefahren

- für: Leben, Gesundheit und Sachwerte
- aus: Explosionen, Überschwemmungen, Unfällen und ähnlichen Ereignissen
- mit: technischer Ausrüstung insbesondere von Rüst -und Gerätewagen
- mit: zusätzlicher Beladung zur Durchführung Technischer Hilfeleistung (LF16, LF8).

Die technische Hilfeleistung schließt insbesondere das Retten ein, d.h.:

- Sofortmaßnahmen, die sich auf Erhaltung bzw. Wiederherstellung von Atmung, Kreislauf und Herztätigkeit richten und/oder
- die Befreiung aus einer lebensbedrohenden Zwangslage durch technische Rettungsmaßnahmen.

Begriffsbestimmungen:

- „Öffentlicher Notstand" : liegt bei einem Naturereignis, Unglücksfall oder bei einem sonstigen gemeingefährlichen Zustand vor, in dem Menschen umkommen bzw. schweren Schaden zu erleiden drohen oder aber erhebliche Sachwerte vernichtet werden können, z.B. Eisenbahnunglücke Unwetter, Explosionen, Einstürze.

- „Katastrophe“ : Zustand ist gegeben, wenn durch einen Notstand Leben, Gesundheit, die lebenswichtige Versorgung der Bevölkerung oder erhebliche Sachwerte in einem solchen Maß gefährdet bzw. beeinträchtigt sind, daß seine Bekämpfung durch die zuständigen Behörden und die notwendigen Einsatz- und Hilfskräfte eine zentrale Leitung erfordert.

Beispiele dafür sind: Schadensereignisse durch Feuer, Wasser, Erde, Luft, unglückliche Umstände im Verkehr, in der Industrie, bei denen das Leben oder die Gesundheit zahlreicher Menschen in Gefahr sind.

- „Notlagen“ : sind Unglücksfälle, die einen einzelnen hinsichtlich seines Lebens, seiner Gesundheit oder seines Vermögens betreffen, ohne daß hiervon eine Gefahr für die Allgemeinheit ausgeht.
- „Freiwillige sonstige Aufgaben der Feuerwehren“ : sind Aufgaben, die den durch die Brandschutzgesetze getroffenen Rahmen zur Hilfeleistung überschreiten. Das sind Fälle, bei denen kein öffentliches, sondern ein primär privatwirtschaftliches Interesse besteht.

  Das gilt u.a. beim: Aufstellen von Weihnachtsbäumen, Einfangen von Tieren, Auspumpen von Kellerräumen u.ä.
- „Unterlassene Hilfeleistung“ (§ 323c StGB) : „Wer bei Unglücksfällen oder gemeiner Gefahr oder Not

nicht Hilfe leistet, obwohl dies erforderlich und ihm den Umständen nach zuzumuten, insbesondere ohne erhebliche eigene Gefahr und ohne Verletzung anderer wichtiger Pflichten möglich ist, wird mit Freiheitsstrafe bis zu einem Jahr oder mit Geldstrafe bestraft."

2. Regelungen für die Technische Hilfeleistung

Die wichtigste gesetzliche Grundlage für das Handeln einer Feuerwehr ist das **Brandschutzgesetz** des jeweiligen Bundeslandes. Hierin sind als „Hoheitliche Aufgaben" für die Feuerwehr der Abwehrende Brandschutz, die Technische Hilfeleistung, der Vorbeugende Brandschutz sowie die Mitwirkung im Katastrophenschutz festgelegt. Für die einzelnen Aufgabenbereiche sind spezielle Feuerwehrdienstvorschriften die weitere Grundlage.

Die Feuerwehrdienstvorschrift 13/1 „Die Gruppe im technischen Hilfeleistungseinsatz"

Gliederung und Aufgaben der Mannschaft:

Die Gruppe umfaßt drei Einsatztrupps, deren Bezeichnung durch die FwDV4 „Die Gruppe im Löscheinsatz" festgelegt ist. Im technischen Hilfeeinsatz übernimmt

- der Angiffstrupp Aufgaben der Rettung
- der Wassertrupp Aufgaben der Sicherung
- der Schlauchtrupp Aufgaben der Gerätebereitstellung

Die Aufgaben der Mannschaft im Einzelnen:

Der Gruppenführer (GF)-leitet den Einsatz; er ist an keinen Platz gebunden.

Der Maschinist (Ma)-bedient die Aggregate, hilft bei der Gerätebereitstellung und ist Fahrer.

Der Melder (Me)-übermittelt Nachrichten und übernimmt besondere Aufgaben. Sofern die Gruppe aus Staffel und Trupp gebildet wird, übernimmt nach Möglichkeit einer der Maschinisten die Aufgabe des Melders.

Der Angriffstrupp (A-T)-rettet und leistet technische Hilfe.

Der Wassertrupp (W-T)-sichert die Einsatzstelle und nimmt das hierfür erforderliche Gerät vor; danach wird er weiterer Angriffstrupp.

Der Schlauchtrupp (S-T)-bereitet die befohlenen Geräte für den Einsatz vor, betreibt und überwacht sie zusammen mit dem Maschinisten; danach wird er weiterer Angriffstrupp.

Bei Ausfall von Kräften oder in besonderen Lagen bestimmt der Gruppenführer die Aufgabenverteilung.

Besetzung der Fahrzeuge in verschiedenen Varianten:

- Gruppe besetzt ein LF8 oder LF16 mit Zusatzbeladung zur techn. Hilfeleistung
- Gruppe besetzt ein TLF16/25 oder TSF in der Kombination mit einem RW oder GW, der jeweils vom (S-T) besetzt wird.

Persönliche Ausrüstung:

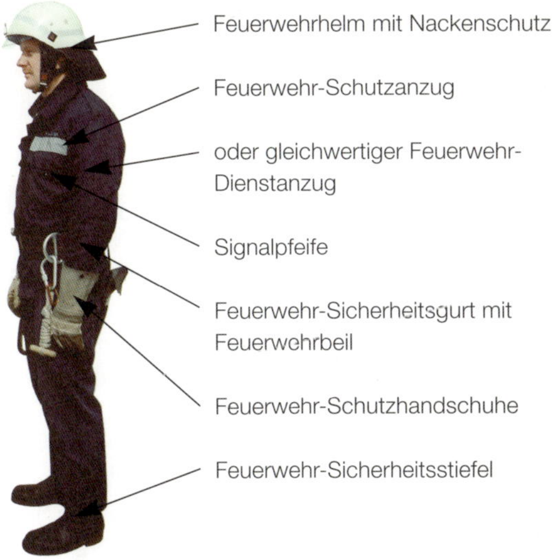

Einsatzausrüstung:

Für den Einsatz rüstet sich die Mannschaft wie folgt aus:

Gruppenführer, Trupp-Führer und Melder:
Beleuchtungsgerät: Handscheinwerfer, Kopfscheinwerfer....

Nach Lage und Weisung des GF

Angriffstrupp:
Sanitätskasten, Brechwerkzeug, Fangleine....

Wassertrupp:
Sicherungs- und Warngerät, Löschgerät, Arbeitsstellenscheinwerfer......

Schlauchtrupp:
Spreizer, Schneidgerät bzw. sonstiges Arbeitsgerät......

Abweichungen von der persönlichen Ausrüstung ergeben sich aus der Art des Einsatzes und sind vom Gruppenführer anzuordnen.

z.B.: - Sicherheitsgurt ablegen
- Schutzkleidung, Warnkleidung anlegen.

„Technischen Regeln für brennbare Flüssigkeiten" (TrbF) Einteilung der Gefahrenbereiche

Gefahrenbereiche im Sinne der **„Verordnung über brennbare Flüssigkeiten"** (VbF) sind Bereiche, in denen sich explosionsfähige Gemische in gefahrdrohender Menge bilden können. Diese Bereiche werden in die Zonen 0, 1 und 2 eingeteilt.

Zone 0: sind Bereiche, in denen eine gefährliche explosionsfähige Atmosphäre **ständig oder langzeitig** vorhanden ist.

Dazu gehören insbesondere das Innere von Behältern, Tanks und von nicht ständig gefüllten Rohrleitungen.

Zone 1: sind Bereiche, in denen damit zu rechnen ist, daß eine gefährliche explosionsfähige Atmosphäre **gelegentlich** auftritt. Dazu gehören insbesondere:

- Die nähere Umgebung von Füllstellen
- Domschächte von Tanks
- Austrittsöffnungen von Entlüftungseinrichtungen
- Kellerräume bei erlaubnisbedürftiger Lagerung
- Bereiche um Tanks

- Tankstellen-Kegel um Zapfsäulen
- Armaturenschränke von Tankwagen.

Zone 2: sind Bereiche, in denen damit zu rechnen ist, daß eine gefährliche, explosionsfähige Atmosphäre **nur selten** und dann auch **nur kurzzeitig** auftritt.

Dazu gehören z.B.:

- Die Umgebung von Entleerstellen und während der Entleerung geöffnete Dome
- Die 5 m -Bereiche von Türen und Fenster außerhalb von Abfüllräumen.

HINWEIS: Weitere Regelungen für Technische Hilfeleistung wie DIN-Normen und Unfallverhütungsvorschriften siehe Anlage!

3. Einsatzspektrum der Technischen Hilfeleistung

Der Einsatzbereich der Technischen Hilfe ist enorm umfangreich. Er umfaßt folgende Einsatzarten

- Einsätze zur Rettung und Bergung eingeklemmter Personen bei Verkehrs- oder anderen Arbeitsunfällen
- Das Befreien von Personen aus Aufzügen
- Das Befreien von Tieren aus Notlagen
- Die Bergung toter Personen
- Hilfe bei Gasaustritten
- Ölschadenbeseitigung
- Die Beseitigung von Chemikalien
- Das Bergen von Fahrzeugen nach Unfällen
- Wasserunfälle
- Das Öffnen von Türen.

Um alle Einsatzarten einsatzgerecht durchführen zu können, müssen die Einsatzkräfte folgende Tätigkeiten ausführen können:

- Die Erzeugung von Energie (elektr., hydr., pneumatisch) und deren Verteilung
- Das Beleuchten des Arbeitsplatzes und der gesamten Arbeitsstelle
- Das Be -und Entlüften von Gebäuden
- Das Retten und Bergen
- Das Trennen von Werkstoffen aller Art
- Das Ziehen, Drücken und Heben von Lasten
- Das Stützen, Verankern und Herstellen von Behelfskonstruktionen
- Das Räumen und Freimachen von Verkehrswegen und Gebäudeteilen
- Die Bekämpfung von Unfällen mit wassergefährdenden Stoffen und anderen Gefahrgütern
- Das Sichern der Einsatz -und Gefahrenstellen
- Das Übermitteln von Nachrichten und Befehlen.

Die Feuerwehren müssen auf diese oft schwierigen Aufgaben vorbereitet sein. Deshalb ist die Kenntnis der Einsatzmöglichkeiten und der Einsatzgrenzen Voraussetzung für eine erfolgreiche Technische Hilfeleistung, so, wie es die Öffentlichkeit von der Feuerwehr erwartet.

4. Fahrzeuge für Brandbekämpfung und Technische Hilfeleistung

Feuerwehrfahrzeuge sind entsprechend der Normen herstellungsmäßig besonderst gestaltete Kraftfahrzeuge bzw. Anhängefahrzeuge, die für den Feuerwehreinsatz folgende Aufgaben haben:

- Aufnahme einer Besatzung
- Aufnahme einer feuerwehrtechnischen Beladung je nach Verwendungszweck
- Aufnahme von Löschtechnischen Aggregaten und sonstigen Einsatzgeräten

Die DIN-EN 1846 „Fahrzeuge für Brandbekämpfung und Technische Hilfeleistung“ (z.Z. noch Entwurf)teilt die Feuerwehrfahrzeuge in neun Hauptgruppen ein:

(1) Fahrzeuge zur Brandbekämpfung und Technischen Hilfeleistung

LF 16/12 (Fa. Metz)

(2) Hubrettungsfahrzeuge (Drehleiter oder Hubrettungsbühne)

DL 23/12 (Fa. Metz)

(3) Rettungsfahrzeuge
(4) Rüst- und Gerätefahrzeuge

RW_2 (Fa. Metz)

(5) Umweltschutz- und Gefahrgutfahrzeuge

(6) Einsatzleitfahrzeuge

(7) Mannschaftstransportfahrzeuge

(8) Nachschubfahrzeuge

(9) sonstige spezielle Kfz (nach der Definition „Feuerwehrfahrzeug für spezielle Aufgaben wie Flugzeug-Zwischenfälle, Zwischenfälle unter Wasser oder mit Schienenfahrzeugen oder für Aufgaben der Senkrechtförderung konstruiert").
Die DIN legt die Fahrzeugbezeichnung entsprechend einer Codierung fest. Die Fahrzeugbezeichnung enthält sechs spezifische Merkmale:..(Siehe Anlage Tabelle 1)

5. Stromerzeuger

Zum Ausleuchten einer Einsatz- oder Arbeitsstelle sowie zum Betreiben von elektrischen Geräten, stehen der Feuerwehr fest im Fahrzeug eingebaute und tragbare Stromerzeuger zur Verfügung.

Die fest eingebauten Generatoren (Rüstwagen, Gerätewagen, Beleuchtungsanhänger) erzeugen eine Leistung von 15 bis 20 kVA, während die gebräuchlichsten tragbaren Aggregate 5 bis 8 kVA erzeugen.

Die Generatoren werden als Kombi-Geräte bezeichnet, da von ihnen Drehstrom und Wechselstrom gleichzeitig abgenommen werden kann. Die angegebenen Generatorspannungen **400 V Drehstrom** und **230 V Wechselstrom** sind genormt und aufgrund von Spannungsabfall in der Leitung zum Verbraucher etwa 5% höher als die Verbraucherspannungen 380/220 V.

5.1.Gerätekunde, Handhabung und Betriebshinweise

Aufbau (Beispiel BSKA 5 Bosch)

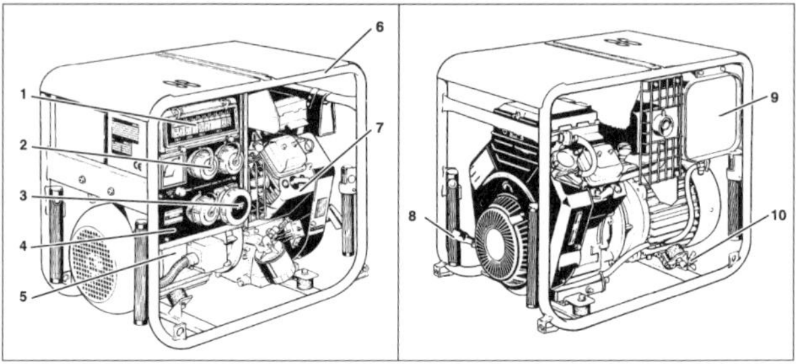

Erläuterungen zu den Abbildungen

1. Sicherungsautomaten
2. Wechselstromsteckdose (16A)
3. Drehstromsteckdose (16A)
4. Anschlußkasten
5. Generator
6. Rundum-Schutzrahmen
7. Motor
8. Reversierstarter
9. Kraftstofftank
10. Masseanschluß

Betrieb

Den Stromerzeuger möglichst waagerecht (max.15° Schräglage) aufstellen und gegen Verrutschen sichern.

Das Betreiben in unbelüfteten Räumen ist verboten. Beim Betreiben in gut belüfteten Räumen sind die Abgase über einen Abgasschlauch ins Freie zu leiten.

Vor dem Starten des Motors dürfen keine elektrischen Verbraucher angeschlossen sein. Der Motor benötigt ca. 1 Minute Warmlauf.

Die Gesamtleistung des Generators darf von den angeschlossenen Verbrauchern nicht überschritten werden.

ACHTUNG!
Der Anschluß zur Einspeisung in bestehende Netze darf nur durch eine Elektrofachkraft und nach vorheriger Genehmigung durch das Energieversorgungsunternehmen erfolgen.

Zur optischen Kontrolle sind die Geräte mit einem Belastungsmesser ausgerüstet. Wenn dieser als Kombigerät ausgelegt ist, so kann er mittels Drucktaster zum Spannungsmesser umgeschaltet werden. Der Instrumentenanzeiger des Belastungsmessers darf im Dauerbetrieb nicht über den grün/roten Bereich - also nicht in den roten Bereich - hinausgehen! Das Erreichen der Vollast bei einphasigem Betrieb (220 V) wird durch das Aufleuchten der roten Leuchtdiode im Belastungsmesser angezeigt. Bei motorgetriebenen Verbrauchern darauf achten, daß diese beim Anlaufen eine Leistung benötigen, die ein Mehrfaches über der angegebenen Nennleistung liegen kann!

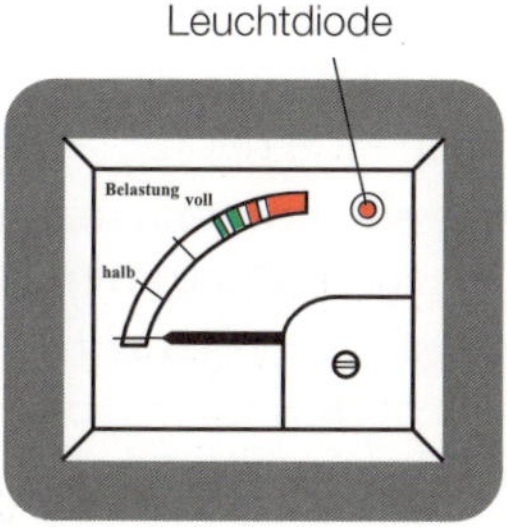

Belastungsmesser am Anschlußkasten

ACHTUNG!
Betanken des Generators bei laufendem Motor verboten. Die vom Hersteller angegebene maximal mögliche Laufzeit beachten!

Besonderheit: mit 4-Takt Ottomotoren angetriebene Stromerzeuger können mit einer Ölmangelabschaltautomatik ausgestattet sein. Diese schaltet den Motor ab, wenn nicht genügend Öl bzw. Öldruck im Motor vorhanden ist.

Abstellen

Angeschlossene Geräte ausschalten, oder Stecker aus Stromerzeuger herausziehen. Motor noch kurze Zeit weiter laufen lassen. Bei einem 2-Takt Ottomotor sollte durch Schließen des Kraftstoffabsperrhahns der Vergaser leer gefahren werden, da sich das Gemischöl, bei längerer Stillstandzeit des Generators, im Vergaser absetzen kann. Sichtkontrolle bei allen eingesetzten Geräten durchführen.

5.2. Schutz vor elektrischem Strom

5.2.1. Gefahren des elektrischen Stroms

Fließt elektrischer Strom durch den Körper eines Menschen, so kann er je nach Stärke

Muskelkrämpfe, Atemschwierigkeiten, Herzkammerflimmern und Atemlähmung bewirken.

Die Stromstärke ist abhängig vom Widerstand des menschlichen Körpers und der Spannung, mit der die Person in Berührung kommt.

Ein Strom kann nur über den Menschen fließen, wenn er **und** das elektrische Netz eine Verbindung

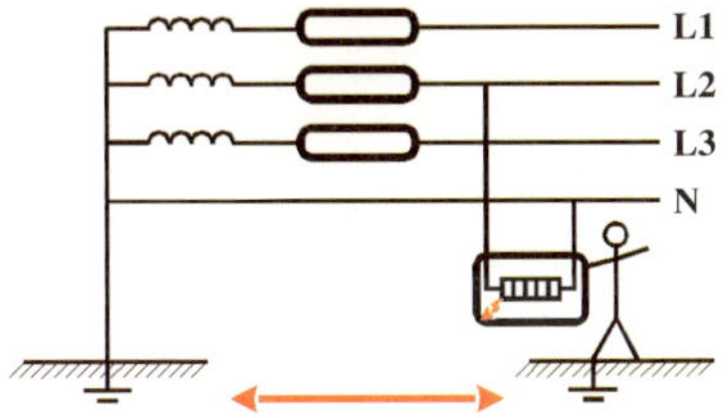

Weg des Fehlerstroms

zur Erde haben. Um den Menschen vor schädlichen Wirkungen des elektrischen Stroms zu schützen, legen die Vorschriften des Verbandes Deutscher Elektrotechniker (VDE) zwei Grenzen fest:

Max. **Einwirkungsdauer 0,2 sec.** (Abschaltzeit)

Max. **Stromstärke 50 mA** (Abschaltstrom)

Diese Werte haben üblicherweise keine wahrnehmbare, bzw.medizinisch schädliche Einwirkung.

5.2.2. Schutzmaßnahmen

Für den Schutz gegen gefährliche Körperströme sind nach der DIN-VDE folgende Schutzmaßnahmen bei tragbaren / mobilen Stromerzeugern zulässig:

- **Schutzisolierung**
- **Schutztrennung** mit Potentialausgleich
- **Isolationsüberwachung** in Verbindung mit Schutztrennung, mit Abschaltung im Fehlerfall
- **Fehlerstromschutzeinrichtung** in Verbindung mit einem TN-Netz bzw. Schutztrennung

Es gibt jedoch einsatzspezifisch unterschiedliche Vorschriften, die je nach Verwendungszweck die geeignete Schutzmaßnahme vorgeben.

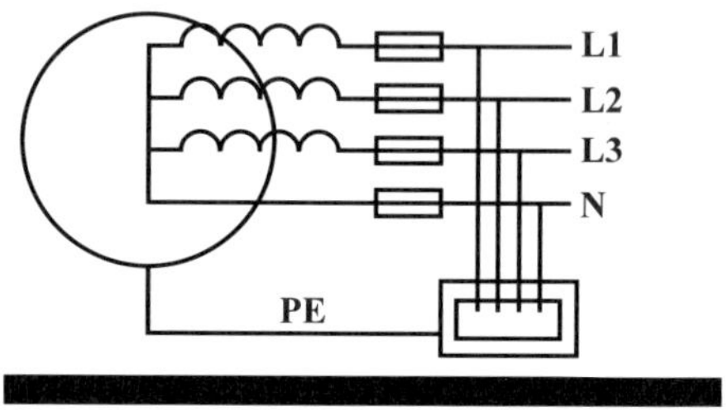

Prinzip der Schutztrennung mit Potentialausgleich

Schutztrennung mit Potentialausgleich, nach DIN/VDE 57100 Teil 728, ist die bei den modernen Stromerzeugern der Feuerwehr gebräuchlichste Schutzmaßnahme und hat folgende Vorteile:

- es erfolgt keine Erdung (Erdungen sind im mobilen Einsatz immer problematisch)
- es können beliebig viele Verbraucher an ein Leitungsnetz bis zu einem Gesamtwiderstand von 1,5 Ohm angeschlossen werden.

Der erste „Fehler“ (z.B. Körperschluß) ist frei, d.h., man bekommt selbst im Fehlerfall keinen elektrischen Schlag und die Anlage schaltet nicht ab.

Fehlerschutz bei Generatorbetrieb

Das mobile Netz der Feuerwehr besteht aus folgenden wesentlichen Teilen:

Stromerzeuger

Überstromschutzschalter (Sicherungen)

Leitungen

Verbraucher

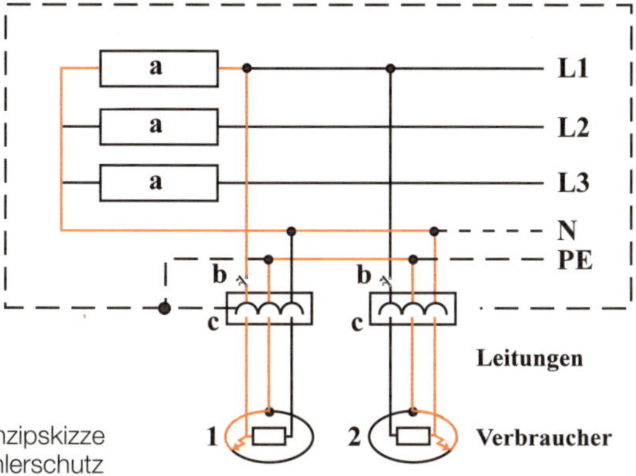

Prinzipskizze
Fehlerschutz

Beim **normalen** Betrieb fließt der Strom von der Generatorwicklung **a** über den Leiter **L1** (Phase), die Stromkreissicherung **b** , die Steckdose c und die Leitung zum Verbraucher. Von dort gelangt er dann über den Nulleiter der Leitung, die Steckdose und den Nulleiter im Stromerzeuger zurück zur Generatorwicklung.

Dieser Stromkreis kann bis zur Leistungsfähigkeit der Stromsicherung, bei den genormten tragbaren Stromerzeugern heißt das bis 16 Ampere, belastet werden.

Tritt **ein Fehler** nur an einem Gerät oder an mehreren Geräten zwischen demselben Leiter und den Gehäusen (Schutzleiter) auf, bleibt die Anlage weiterhin voll funktionsfähig. Eine Gefahr besteht nicht.

Treten gleichzeitig Fehler zwischen verschiedenen Leitern auf, fließt ein Strom längs dem in **der**

Abbildung **rot** dargestellten Weg. Hierbei besteht Gefahr, wenn die Spannung zwischen den Gehäusen der **Verbraucher 1 und 2** (Berührungsspannung) auf mehr als 50 V ansteigt.

Die Stromkreissicherung muß abschalten, ohne daß die Berührungsspannung von 50 V überschritten wird. Die Abschaltung muß in **0,2 Sekunden** erfolgen.

MERKE:

Schließe an einen Stromerzeuger nicht mehr als 100 m Leitung an, dann bist du auf der sicheren Seite; die Länge und der Querschnitt einer Leitung bestimmen den Widerstand; der Leitungswiderstand bestimmt, wie schnell der Überstromschutzschalter abschaltet.

Die Feuerwehr verwendet Leitungen mit einem Querschnitt von 2,5 mm² (vgl.DIN 14680 handbetätigte Leitungstrommeln).

Für diesen Querschnitt ergibt sich eine zulässige Leitungslänge von:

$$\frac{1{,}5\ \text{Ohm} \times 2{,}5\ \text{mm}^2}{0{,}0172\ \text{Ohm mm}^2/\text{m}} = 218\ \text{Meter}$$

Da die Länge auf zwei Leiter verteilt werden muß, darf die Leitungslänge zwischen zwei Geräten demnach maximal rund 100 m betragen. Die Anschlußleitungen der Verbraucher müssen hierbei nicht berücksichtigt werden.

Wird an mehr als einer Steckdose eine Verlängerungsleitung angeschlossen, so muß die Einzelleitungslänge auf 50 m (bei 2,5 mm²) begrenzt werden.

Anschlußvarianten verschiedener Leitungslängen

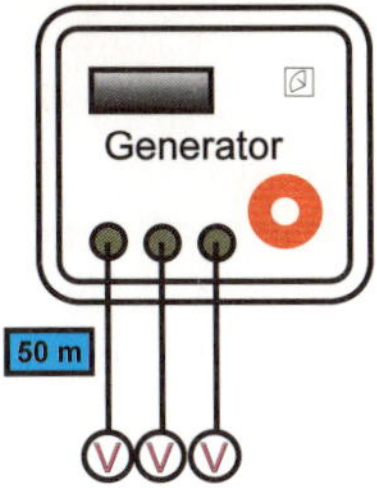

zulässig
zwischen 2 Verbrauchern liegen nicht mehr als 100 m Leitungslänge.

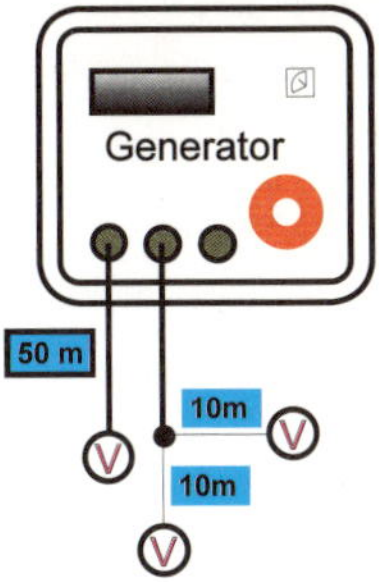

zulässig
Die Geräteanschlußleitungen können vernachlässigt werden.

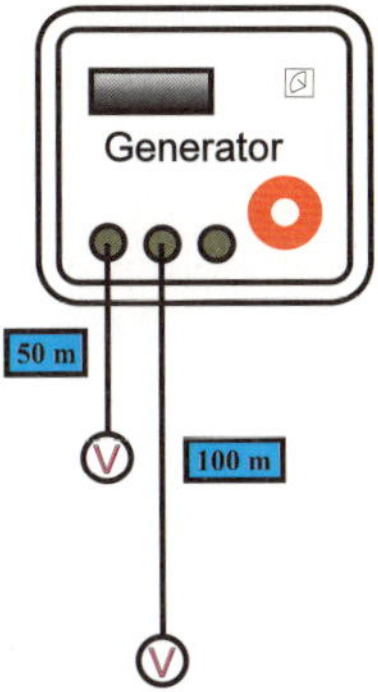

unzulässig
zwischen 2 Verbrauchern liegt eine Leitungslänge von mehr als 100 m .

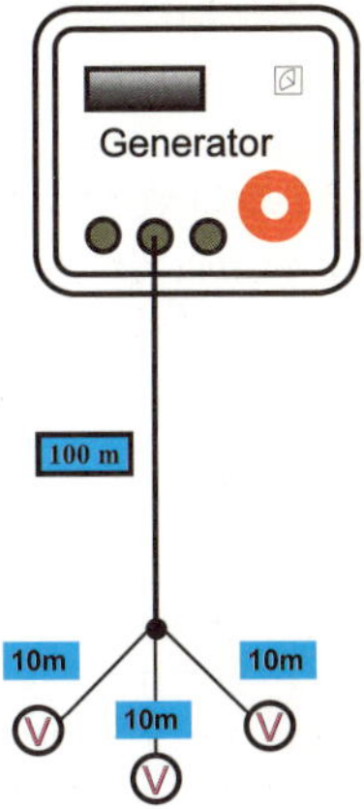

zulässig
zwischen Stromerzeuger und Verbraucher liegen 100 m Leitungslänge. Die Geräteanschlußleitungen können vernachlässigt werden.

Die im Feuerwehrbereich verwendete Schutzmaßnahme „Schutztrennung mit Potentialausgleich“ hat, wie oben schon beschrieben, bei einem Fehler keine Abschaltung zur Folge. Erst ein zweiter Fehler, der noch dazu in einem anderen Leiter auftreten muß, bewirkt eine Abschaltung. Dieser Fall dürfte jedoch sehr selten auftreten.

Wird der Schutzleiter unterbrochen, kann akute Lebensgefahr entstehen. Wenn der Schutzleiter zwischen zwei Geräten bricht und bei jedem Gerät ein anderer Leiter mit dem Gehäuse in Verbindung kommt, haben beide Geräte gegeneinander die volle Spannung von 230 V oder 400 V.

Generatoren mit dieser Schutzmaßnahme sind mit einer **Schutzleiterprüfeinrichtung** ausgestattet.

Bei Verbrauchern mit Metallgehäuse wird die Schutzleiterprüfung wie folgt durchgeführt: Prüfleitung und Prüfspitze zusammenstecken, Prüfleitung in Buchse stecken. Prüfspitze auf blankes Metallgehäuse des Verbrauchers halten. Leuchtet die Kontrolleuchte, hat der Schutzleiter Durchgang. Leuchtet die Kontrolleuchte nicht, Stromerzeuger abstellenund Verbraucher von einer Elektrofachkraft überprüfen lassen.

Es wird empfohlen, nach jedem Einsatz die Schutzleiterprüfung an allen elektrischen Geräten die zum Einsatz kamen (Stromerzeuger, Leitungen, Verbraucher) durchzuführen. Zur Erkennung äußerer Schäden ist außerdem eine Sichtprüfung erforderlich. (Siehe GUV 2.10)

Schutzleiterprüfung am Stromerzeuger

Die Schutzleiterprüfung, wie vorab beschrieben, wird auch am Generator selbst durchgeführt.

Nach der Inbetriebnahme des Generators steht dafür an der Schutzleiterprüfeinrichtung eine Kleinspannung zur Verfügung. Wird der Schutzleiter mit der Prüfspitze in Verbindung gebracht, schließt sich der Prüfstromkreis und die Kontrollampe leuchtet auf. Werden also die Stecker der zu prüfenden Geräte in eine der Steckdosen gesteckt und die Prüfspitze an das metallene Gehäuse des Verbrauchers gehalten, wird wiederum der Prüfstromkreis geschlossen und die Kontrollampe muß aufleuchten.

NOTIZEN

6. Beleuchtungsgeräte

Der Feuerwehr stehen die verschiedensten Beleuchtungsgeräte zur Verfügung. Es sollen hier einige Beispiele aufgeführt und erläutert werden. Sie werden je nach Lage zur Ausleuchtung des „Arbeitsplatzes“ (Handscheinwerfer, Kopfscheinwerfer), des „Arbeitsraums“ (Breitstrahlscheinwerfer oder Flutlichtstrahler mit Stative) oder für die gesamte Einsatzstelle (Drehleiter-, Lichtmast mit Flutlichtstrahler) benötigt.

6.1. Gerätekunde und Betriebshinweise

6.1.1. Explosionsgeschützter Handscheinwerfer nach DIN 14642

- mit gasdichter Batterie
- Ladezustandsanzeige
- Tiefentladeschutz
- Fadenbruchkontrolle
- schlagfestes und bruchsicheres Gehäuse
- Leuchtdauer im Dauerlichtbetrieb pro Ladung mit Hauptlampe 4,8V/4 W: ca. 8h.

Handscheinwerfer nach DIN 14642

6.1.2. Arbeitsstellen-Scheinwerfer nach DIN 14644

- Betriebsspannung 12 oder 24 Volt
- Reichweite mit 12V/55 W-Glühlampe: 480 m
  mit 24V/70 W-Glühlampe: 340 m
- mit wasserdichtem Schwachstromstecker zum Anschluß an ein Kfz.-Bordnetz
- mit Gelenkstück passend zu den Fahrzeugstativen.

Einsatzhinweise:

Die Fahrzeugstative befinden sich an der Frontverkleidung sowie auf dem Dach, in ihrer Nähe ist eine Steckdose installiert. Die Arbeitsstellen-Scheinwerfer lassen sich mit einem Gelenkstück auch auf einem Dreibeinstativ montieren. Sie können mit einer aufgesteckten Streuscheibe als Breitstrahler und ohne Streuscheibe als Punktstrahler eingesetzt werden.

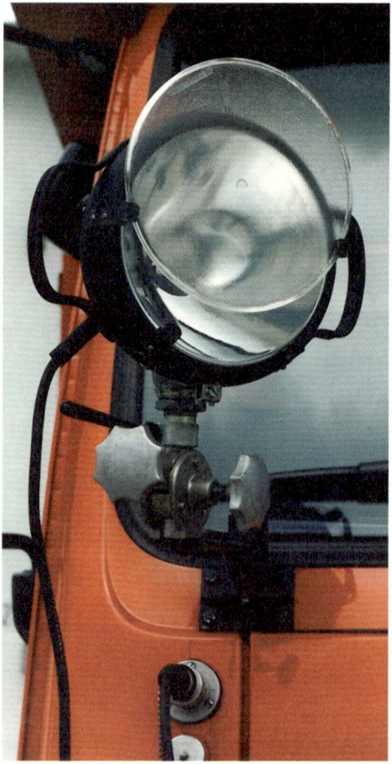

Scheinwerfer SBFV
(Fa. Bosch) ➤

6.1.3. Halogen-Flutlichtstrahler mit Halogenlampe 220 V/1000 W

- lageunempfindlich
- spritzwassergeschütztes Alu-Gehäuse
- Gelenkstück mit Aufsteckrohr 30 mm (zur Befestigung direkt auf Stativ oder Scheinwerferaufnahmebrücke
- mit 10 m Anschlußkabel und Schukostecker für Netzanschluß (Stromerzeuger).

Einsatzhinweise:

Vor dem Ausziehen des Dreibeinstativs die Strahler mittels Gelenk auf den optimalen Neigungswinkel einstellen. Flutlichtstrahler erreichen hohe Temperaturen, deshalb Kabel vom Gehäuse völlig entfernen und vor dem Abbau die Strahler erst abkühlen lassen. (nicht während des Betriebes umsetzen oder erschüttern)

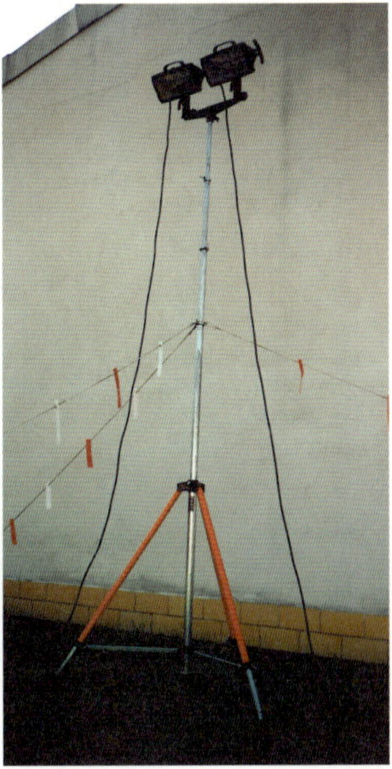

mittels Aufnahmebrücke auf Stativ montierte Strahler (Fa. Bosch) ►

6.1.4. Explositionsgeschützte Kopf-Handleuchte

- mit Nickel-Cadmium-Batterie DTN 4,5 K = 2,4V/4,5Ah
- Brenndauer ca.9 Std.

Einsatzhinweise:

Die Lampe kann in der Hand aber auch mit verstellbarem Gummigurt am Helm getragen sowie mittels Gurthaken oder Knopföse an der persönlichen Ausrüstung befestigt werden. Mit farbigen Vorsteckscheiben können Signalzeichen gegeben werden.

6.1.5. Zubehör für Beleuchtungsgerät

Teleskop-Dreibeinstativ

- über 4 Stufen bis 4,67 m ausziebar und in jeder Höhe arretierbar
- mit Verzurreinrichtung bestehend aus 3 Abspannseilen und 3 Heringen
- Aufsteckzapfen 30 mm Ø.

Einsatzhinweise:

Stativbeine maximal spreizen (geringe Höhenunterschiede können ausgeglichen werden).

Teleskopeinsätze nacheinander gleichmäßig (nicht ruckartig) nach oben schieben und bei entsprechender Höhe mit den Flügelschrauben sichern. Die Anschlußleitung zugentlastet verlegen. Stativ standsicher aufstellen und durch Abspannseile sichern.

Aufnahmebrücke für Scheinwerfer

- zum Aufstecken auf Scheinwerferstativ, um zwei Flutlichtstrahler aufzusetzen
- mit Aufsteckfuß 30 mm Ø.

Abzweigstück

- 1 Zugang und 3 Abgänge für Wechselstrom,
- Leistung 15 A
- strahlwassergeschützt, mit Bajonett-Verschluß.

Leitungstrommel nach DIN 14680

- Stahlblech-Wickelkörper wassergeschützt, bis 25 A belastbar, nicht ex-geschützt
- mit 50 m Gummikabel 2,5 mm^2 , davon 2 m außenliegend, mit Wechselstrom-Schuko-Steckverbindung
- Stromübertragung durch 5 Schleifringe (3+O+E), dadurch beide Kabelstücke unabhängig voneinander abziehbar.

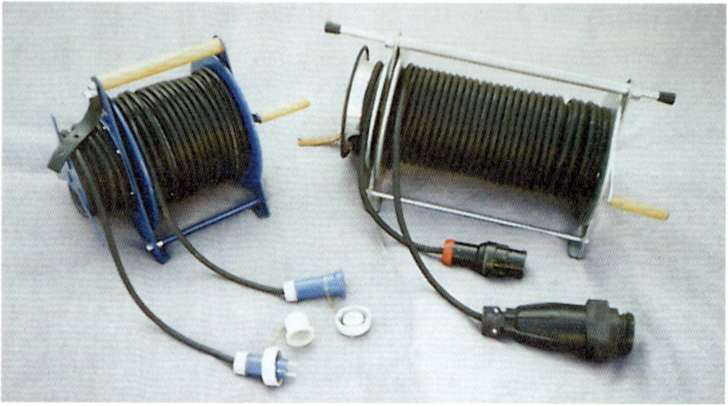

Leitungstrommel li. nach DIN 14680 re., ex-geschützt

Einsatzhinweise:

Handkurbel dient umgeklappt als Sicherung gegen ungewolltes Abtrommeln.

Bei längerem Einsatz (über 15 Minuten) Kabel vollständig abwickeln, um Wärmeentwicklung zu vermeiden.

Leitungstrommel ex-geschützt

- Wickelkörper aus verzinktem Stahlblech, mit Messingschuhen, bis 25 A belastbar
- 2 ausziebare Tragegriffe
- bewickelt mit 50 m Gummikabel 2,5 mm^2, davon 5 m auf außenliegende Trompete gewickelt
- ohne Schleifringe: das Kabel wird ungeteilt durch den Wickelkörper geführt (daher keine Funkenbildung möglich)
- mit Drehstromstecker und Drehstromkupplung EEx de II CT 6 380V/16 A,5P.

Einsatzhinweise:

Da die Verbindung zwischen Haupt- und Hilfstrommel durchgehend ist, muß zuerst die Haupttrommel und danach die „Hilfstrommel“ abgewickelt werden.

Die Handkurbel dient umgeklappt als Sicherung vor ungewolltem Abtrommeln. Der Drehstromstecker ist mit einem Drehschalter versehen. Stecker und Kupplung lassen sich nur miteinander verbinden, wenn der Schalter ausgeschaltet ist. Nach dem Kuppeln und Einschalten werden Stecker und Kupplung miteinander verriegelt.

Bei längerem Einsatz (über 15 Minuten) Kabel vollständig abwickeln, um Wärmeentwicklung zu vermeiden.

6.2. Einsatzhinweise zum Ausleuchten von Einsatzstellen

Um an einer Einsatzstelle bei Dunkelheit oder schlechten Sichtverhältnissen die Rettungsmaßnahmen schnell und sicher durchführen zu können, muß eine ausreichende Beleuchtung aufgebaut werden. Das ist bei großflächigen Einsatzstellen mit den zur Verfügung stehenden Mitteln nur selten möglich. Deshalb ist es wichtig, die vorhandenen Mittel effektiv und gezielt einzusetzen. Es sollten daher folgende wichtige Grundsätze beachtet werden:

- Ergibt sich bei der Lageerkundung der Verdacht, daß explosionsfähige Atmosphäre vorhanden ist, dürfen im Ex-Bereich nur explosionsgeschützte Beleuchtungsmittel eingesetzt werden; in begrenztem Maße können Suchscheinwerfer, Kfz-Scheinwerfer und Lichtmaste der Fahrzeuge, die außerhalb des Ex-Bereiches aufgestellt sind, genutzt werden

- Besonders bei Einsätzen über längere Zeiträume, sollten alle zur Verfügung stehenden Beleuchtungsmittel eingesetzt werden
- Um die Blendwirkung der Leuchtkörper und Schattenbildung so gering wie möglich zu halten, sind die Beleuchtungsmittel möglichst hoch in Stellung zu bringen; dazu Stative und Lichtmaste in voller Länge nutzen, Fahrzeug- oder Gebäudedächer (Schuppen, Garagen u.ä.) ausnutzen
- Fahrzeuge, die mit einem Lichtmast ausgestattet sind, möglichst schon bei Eintreffen an der Einsatzstelle so in Stellung bringen, daß Lichtmast und Fahrzeugscheinwerfer effektiv eingesetzt werden können
- Flutlichtstrahler können notfalls auch zur Innenausleuchtung ohne Stativ eingesetzt werden

ACHTUNG!
Die Scheinwerfer entwickeln hohe Temperaturen und dürfen keinen Erschütterungen ausgesetzt werden.

- Die Stromkabel im Einsatzbereich so verlegen, daß die Einsatzkräfte nicht behindert und die Kabel nicht beschädigt werden können
- Die Kabelverbindungen sind nur spritzwassergeschützt, sie müssen daher entsprechend geschützt verleget werden.
- Stative außerhalb von Gebäuden mittels Abspannvorrichtung gegen Kippen sichern.

7. Signal- und Sicherungsgeräte

7.1. Gerätekunde und Betriebshinweise

Für Fahrzeuge zur technischen Hilfeleistung, die auch auf Autobahnen und Schnellstraßen eingesetzt werden, wird folgende Ausrüstung mit Warn- und Sicherungsgeräten empfohlen:

- 2 große Warnschilder „Gefahrenstelle“ mit Schilderständer (Zeichen 101 § 40 StVO)
- 1 Schild „Vorgeschriebene Vorbeifahrt“ mit Schilderständer (Zeichen 222 § 41 StVO)
- 6 Verkehrsleitkegel (Zeichen 610 § 43 StVO)
- Zusätzliche Warnwesten für die Fahrzeugbesatzungen
- Feuerwehr-Einsatzstab (Winkerkelle)
- 2 Elektronenblitzleuchten; Betriebszeiten: Tagesbetrieb ca. 16 Std. - Nachtbetrieb ca. 23 Std.
- 2 Warnblinkleuchten (können auch als Arbeitsleuchten genutzt werden)
- 2 Petroleum-Sturmlaternen mit rotem Glas, Brenndauer ca. 20 Std.

- Warnflagge weiß-rot-weiß (1:2:1), aus Baumwolle mit Holzstab 100 cm lang, zur Markierung von Gefahrenstellen
- Erdspieße und Flatterband rot-weiß, zum Absperren gegen Fußgängerverkehr und Markierung von Gefahrenbereichen
- Handlautsprecher- mit auf- und abschwellender Sirene
- 1 Satz Magnesiumfackeln (6 Stück) Brenndauer einer Fackel ca. 10 Min.

Beachte hierzu:

Das teilweise brennend abtropfende Magnesium nicht in Berührung mit der Schutzbekleidung, den Stiefeln oder anderen Gegenständen bringen! Brandgefahr! Diese Starklichtfackeln nicht in geschlossenen Räumen abbrennen. Fackeln ausbrennen lassen! Niemals löschen! Zum Anzünden werden Sturmstreichhölzer verwendet, die sich im Packbeutel befinden. Nach dem Anzünden brennende Fackel sofort schräg vom Körper weg halten; dabei Windrichtung beachten.

7.2. Einsatzhinweise zum Absperren von Einsatzstellen im Verkehrsraum (nach GUV 27.1-C6 „Sicherheit im Feuerwehrdienst")

Die Feuerwehr muß auch mit dem Aufbau einer wirkungsvollen Einsatzstellensicherung vertraut sein.

„Feuerwehrangehörige, die am Einsatzort durch den Straßenverkehr gefährdet sind, müssen hiergegen durch Warn- und/oder Absperrmaßnahmen geschützt werden" (§ 17 Abs. 3 UVV „Feuerwehren").

Die zu rettenden Personen sowie die vorgehenden Einsatzkräfte sind auf Einsatzstellen im Verkehrsraum durch den fließenden Fahrzeugverkehr erheblich gefährdet. Noch vor der Lageerkundung, mitunter schon während der Anfahrt zum Einsatzort, wird der Gruppenführer einen „Vorbefehl“ zum Absperren der Einsatzstelle geben. Der Gruppenführer bzw. Einsatzleiter hat hierbei die jeweilige Verkehrsnutzung der Straße zu berücksichtigen.

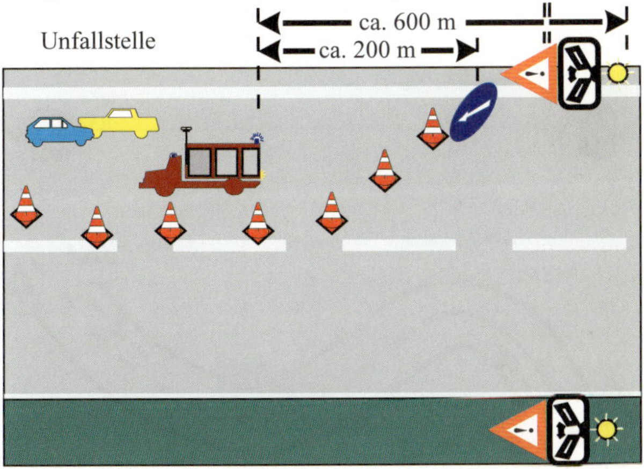

Sicherung auf Kraftfahrstraßen

So gelten auf Bundesautobahnen, Kraftfahrstraßen und anderen Straßen mit schnellfließendem Verkehr größere Sicherungsabstände als für Landes- oder Bundesstraßen. Des weiteren sind die besonderen Gefahrenmomente bei unübersichtlicher Straßenführung (Kurven, Bergkuppen) sowie Witterungsbedingungen zu beachten.

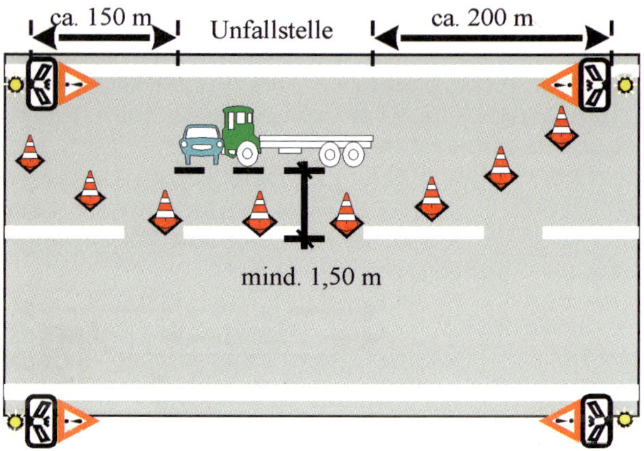

Sicherung auf Landes- oder Bundesstraßen

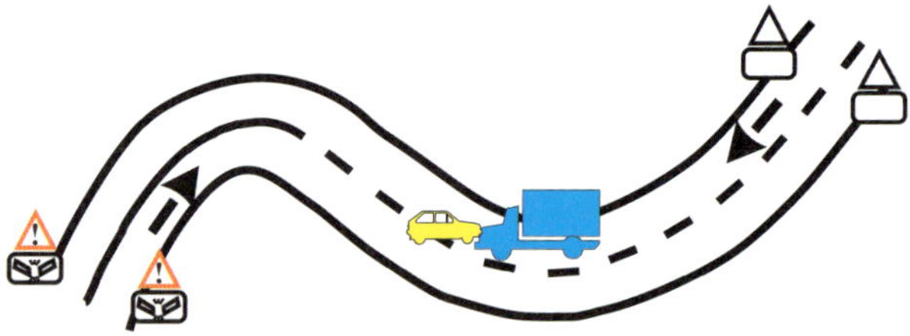

Insbesondere bei Kurven beidseitig

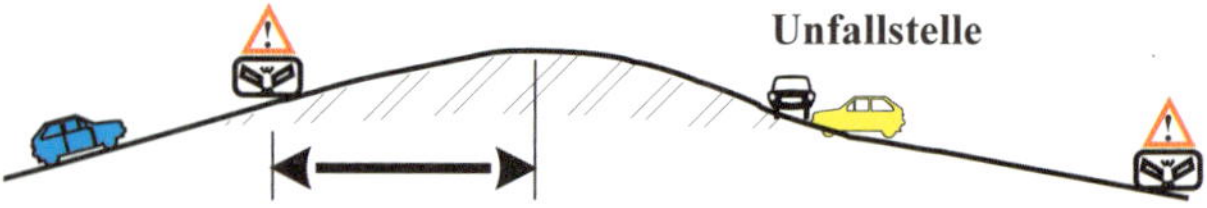

Ausreichenden Abstand vor Kuppen

Bestimmungen der Straßenverkehrsordnung:

- Nach Abs. 2 des § 38 dürfen Einsatzfahrzeuge der Feuerwehr bei Einsatzfahrten sowie an Einsatzstellen Blaues Blinklicht zur Warnung des übrigen Fahrzeugverkehrs einsetzen.

ACHTUNG! Der Einsatz von Blauem Blinklicht allein, hat für andere Verkehrsteilnehmer nur warnenden Charakter! Nur wenn die Voraussetzungen nach Abs. 1 § 38 gegeben sind, darf Blaues Blinklicht zusammen mit dem Einsatzhorn eingesetzt werden. Andere Verkehrsteilnehmer sind dann verpflichtet, dem Einsatzfahrzeug „Freie Bahn" zu schaffen.

- Nach § 15 muß ein mehrspuriges Fahrzeug Warnblinkanlage einschalten, wenn es an einer Stelle liegen bleibt, an der es nicht rechtzeitig als stehendes Hindernis erkannt werden kann; danach ist mindestens ein auffällig warnendes Zeichen gut sichtbar in ausreichender Entfernung aufzustellen; und zwar bei schnellem Verkehr in etwa 100 m Entfernung.

ACHTUNG!

- Der nach § 15 StVO geforderte Abstand (100 m) zum Aufstellen eines vorgeschriebenen Sicherungsmittels (Warndreieck) ist für die Absicherung einer Einsatzstelle der Feuerwehr unzureichend
- In der Entwicklungsphase des Einsatzes sind vorrangig Absperrmaßnahmen durchzuführen
- Die Feuerwehr hat das Recht, mit den entsprechenden Signalgeräten (Winkerkelle, Verkehrs-

leitkegel), den fließenden Verkehr zu stoppen und die Einsatzstelle abzusperren

- Nur wenn für die Mannschaft, Fahrzeuge und Geräte ausreichend Sicherheitsabstand besteht, kann der Fahrzeugverkehr an der Einsatzstelle vorbeigeleitet werden; hier sollte jedoch eine Absprache zwischen den Einsatzleitern der Feuerwehr und Polizei erfolgen
- Die notwendigen Einsatzfahrzeuge stehen in der abgesperrten Fläche, dabei ist es empfehlenswert, ein leichtes, nicht besetztes Fahrzeug als letztes aufzustellen; das Fahrzeug kann als „Puffer" dienen, wenn trotz Warnung und Absperrung ein Fahrzeug in die Einsatzstelle fährt.

Hinweise für den ausführenden Trupp:

- Feuerwehrangehörige müssen für andere Verkehrsteilnehmer frühzeitig und unverwechselbar erkennbar sein
- An Einsatzstellen im Verkehrsraum muß geeignete und zugelassene Warnkleidung getragen werden (Merkheft „Warnkleidung",GUV 25.1)
- Die Absperrmaßnahmen müssen mit äußerster Vorsicht durchgeführt werden
- Maßnahmen der Verkehrsregelung sind Aufgabe der Polizei
- Nach der FwDV 13/1 Pkt. 3.3 hat der sichernde Trupp (WT) auch Löschgeräte bereit zu stellen; bei umfangreichen Sicherungsmaßnahmen ist es oft günstiger, wenn der Angriffstrupp diese Maßnahme mit übernimmt, da dieser in der Regel als erster Trupp vorgeht.

NOTIZEN

NOTIZEN

8. Geräte zum Be- und Entlüften

8.1. Gerätekunde und Betriebshinweise

8.1.1. Das tragbare Be- und Entlüftungsgerät

Be- und Entlüftungsgerät
(Fa. Auer)

Das tragbare Be- und Entlüftungsgerät dient zum Be- und Entlüften von Räumen. Ein Hochleistungsventilator, der von einem ex-geschütztem Drehstrommotor angetrieben wird, kann für saugenden sowie blasenden Einsatz genutzt werden. Dazu sind für den Rüstwagen RW2 3 Stck. Sauglutten, die mit einer Spirale versehen sind, vorgesehen. Für blasenden Einsatz sowie für Schaumförderung kann eine aus transparentem Kunststoff bestehende Drucklutte eingesetzt werden. Die Lutten werden mit Hilfe von Verbindungsschellen am Gerät, bzw. miteinander verbunden. Dem Be- und Entlüftungsgerät kann ein Schaumerzeuger vorgeschaltet werden.

Vorsatzflansche

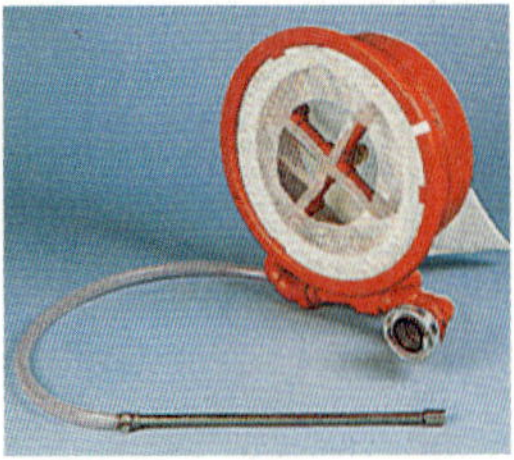

Schaumerzeuger

Verbindungsschellen

Lutte

Technische Daten:

E-Motor:	380 V/2,6 kW; 50 Hz; 2800 U/min.
Motorschutz-schalter und Stecker:	380 V/16 A 5 P
Lüfterleistung:	10 000 m^3/h Volumenstrom; Gebläse: 440 mm Ø, gut geeignet für Räume bis 180 m^2, für größere dagegen nicht
Schaumleistung:	ca. 50 m^3/min. Verschäumungszahl: 1:500, Wasserdruck: 4 - 8 bar.

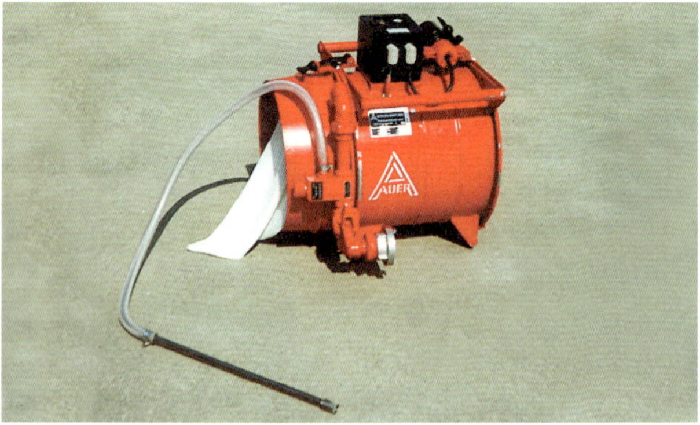

Sauglutte-ausgezogene Länge:	5 m; antistatisch, schwer entflammbar, elastische Endringe
Drucklutte:	20 m; schwer entflammbar, elastische Endringe

Bedienhinweise:

Das Gerät ist ex- geschützt und darf zum Absaugen von Stoffen bis zur Temperaturklasse T 3 (Siehe dazu unter Pkt. 16.5.3) verwendet werden. Am Gerät ist ein 10 m Gummikabel mit einem verriegelbarem Stecker montiert. Nach dem Verkuppeln des Steckers mit der Muffe der Verlängerungsleitung muß ein Schalter am Stecker durch Drehen betätigt werden. Erst dadurch wird der Stromfluß freigeschaltet und beide Kupplungsteile werden miteinander verriegelt.

8.1.2. Tragbarer Überdrucklüfter

Die tragbaren Überdrucklüfter werden zur schnellen Beseitigung von Brandrauch, Gas und Hitze aus Wohnungen, Kellern, Fluren, Lagerräumen etc. eingesetzt. Dieses Verfahren wurde in den USA entwickelt und erfolgreich angewandt. Bei der Druckbelüftung wird der Lüfter im Freien in Stellung gebracht und der Frischluftstrom in das Gebäude gedrückt. Der anfängliche leichte Überdruck setzt die Luftmassen im Gebäude in Bewegung und zwar in Richtung einer vorhandenen oder zu schaffenden Öffnung wie Fenster, Rauchklappen u.ä. Der dadurch entstehende Luftstrom nimmt Rauch, Hitze und Giftgase durch diese Öffnung mit in die Umgebungsluft.

Technische Daten

Es werden von den Herstellern unterschiedliche Typen, mit verschiedenen Antriebsvarianten angeboten.

Gebläse werden entweder durch Wasser, ölhydraulisch, elektrisch oder mit einem Verbrennungsmotor angetrieben.

Beispiele:

Typ	Antriebsart	Leistung	Gebläse Ø
Tempest 214	3,73 kW 5 PS Viertaktmotor	13600 m^3/h	530 mm
Tempest 244	Motor wie Typ 214	15600 m^3/h	610 mm
Tempest 274	7,64 kW 10 PS Viertaktmotor	26700 m^2/h	685 mm
Typhoon 21W10	Wasserturbine 10 PS	23800 m^3/h	620 mm
Typhoon 30W22	Wasserturbine 22 PS	50976 m^3/h	890 mm

Überdrucklüfter
Tempest 214

Die mit Wasser angetriebenen Gebläsetypen 21W10 und 30W22 besitzen als Sonderausstattung ein Wassernebeleinspritzventil. Damit läßt sich bei 19 ltr./min. bzw. 30,3 ltr./min. Wasserverbrauch ein Sprühnebel erzeugen, der zur Niederschlagung giftiger Gase oder Dämpfe eingesetzt werden kann. Die Wasserturbinen werden nach dem Kreislaufbetrieb mit Druckwasser versorgt.

Mit Überdrucklüfter Typhoon 21 W 10 erzeugter Wassernebel

Betriebshinweise:

Hitze, Rauch und toxische Gase sind Elemente, die dem Feuerwehrmann bei der Brandbekämpfung äußerst störend und hinderlich sind. Eine effektive Belüftung, verbunden mit gezieltem Angriff auf das Feuer , stellt eine wesentliche Methode der Brandbekämpfung dar. Bei einem Brand in einem umschlossenen Raum sammeln sich am Boden heiße Verbrennungsprodukte, die aufsteigen und dann den gesamten Raum ausfüllen. Eine einfache Methode der Belüftung ist die Nutzung der natürlichen Konvektion (Durchzug und damit Transport von Wärme durch bewegte Teilchen). Diese Methode kann erfolgreich sein, ist aber von vielen Bedingungen abhängig:

- der Entfernung der Belüftungsöffnungen zum Brandherd
- dem freien, ungehinderten Abzug für Rauch und Brandgase
- der Auswahl und Größe der Belüftungsöffnungen
- der Windrichtung (Lee- oder Windseite des Gebäudes)
- der Luftfeuchte (bei feuchtkaltem Wetter bilden sich kaum Konvektionsströme)
- dem Gefälle zwischen Innen- und Außentemperatur.

Zur Druckbelüftung „mechanische Zwangsbelüftung“, unter Verwendung von Überdrucklüftern, kommen derzeit zwei Methoden zur Anwendung:

Unterdruckventilation

Druckbelüftung

Unterdruckventilation

- Gebläse im zu entlüftenden Raum
- Blasrichtung nach außen gerichtet
- Zustrom von Frischluft über 2. Öffnung

Vorteile:

- schnellere Entrauchung als bei natürlicher Methode
- schnelle Lokalisierung des Brandherdes
- einfache Inbetriebnahme des Gerätes
- schafft gleichmäßige Entrauchung am Boden, im Deckenbereich und in den Ecken

Nachteile:

- nicht im Ex-Bereich anwendbar
- Angriffstrupp begibt sich beim Aufstellen des Gerätes in gefährliche Situation
- giftige Ablagerungen im Gebläse möglich
- Geräte können Zu- und Ausgang des Gebäudes blockieren
- hohe Lärmbelästigung
- in höherliegenden Geschossen ist die Methode weniger wirksam.

Überdruckbelüftung

- Gebläse außerhalb Gebäude/Raum
- Blasrichtung in Gebäude/Raum hinein
- Abgase entweichen über 2. Öffnung

Vorteile:

- alle Vorteile der Unterdruckbelüftung
- kein Ex-Schutz notwendig
- Angriffstrupp arbeitet mit Frischluft im Rücken und besseren Sichtverhältnissen
- Luftstrom durch Öffnen oder Schließen von Türen/Fenster usw. leitbar

  (wichtig für Evakuierungsmaßnahmen)

Nachteil:

- mit Rauch und Hitze können zündfähige Gasgemische transportiert werden

  (Sicherungsmaßnahmen notwendig)

BEACHTE bei Überdruckbelüftung:

1. Positionierung der Geräte:

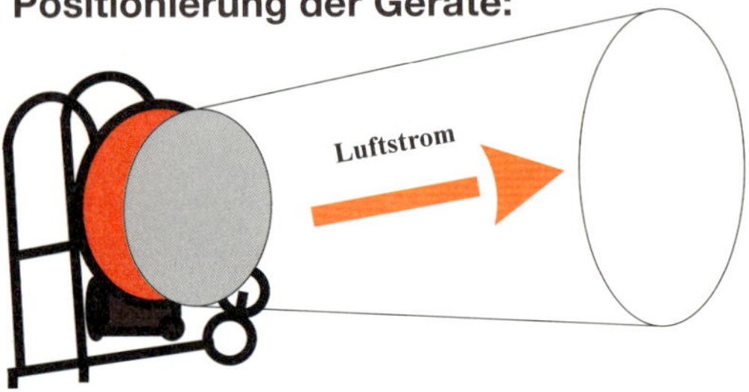

Luftstrom des Überdrucklüfters

der vom Belüftungsgerät erzeugte Luftstrom hat einen kreisförmigen Querschnitt, der sich mit zunehmendem Abstand vom Gerät vergrößert. Beim Einsatz eines einzelnen Gebläses ist der optimale Standort abhängig von der Größe der Eingangsöffnung, der Größe und Leistung des Gebläses und dem Abstand zur Eingangsöffnung.

Positionierung des Lüfters bei Überdruckbelüftung

Der Lüfter wird 2-3 Meter vom Gebäude entfernt so aufgestellt, daß der Frischluftkegel die Tür- oder Zugangsöffnung abdeckt. Kleine Gebläse stehen besser von der Öffnung etwas weiter weg, große dagegen näher zur Einlaßöffnung.

2. Einsatz mehrerer Geräte:

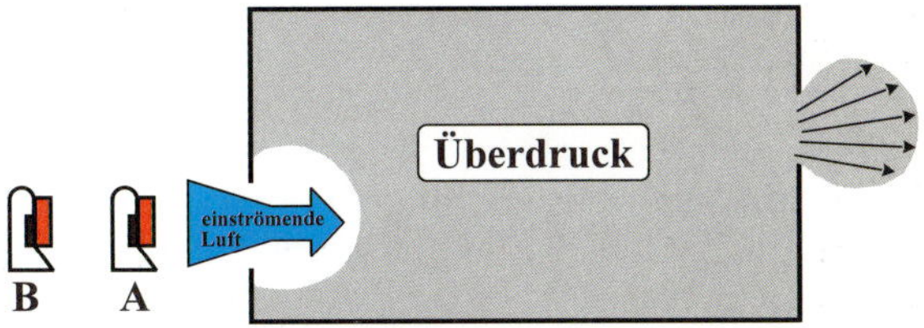

Einsatz von mehreren Gebläsen

bei sehr breiten Öffnungen zwei Lüfter nebeneinander einsetzen, bei sehr hohen Öffnungen zwei Lüfter nötigenfalls übereinander aufstellen. Können mehrere Lüfter gleichzeitig eingesetzt werden, wird der Belüftungsvorgang stark beschleunigt. Bei normal großen Türen wird die beste Wirkung erzielt, wenn zwei Geräte hintereinander aufgestellt werden. Das Gerät „B" schließt die Eingangsöffnung ab, führt aber zusätzlich noch Frischluft über das Gerät „A" in das Gebäude, wodurch sich die von Gerät „A" abgegebene Luftleistung um etwa 10% erhöht. Werden zwei Geräte verschiedener Größe verwendet, so ist das größere Gerät etwa 1 m vor dem Eingang aufzustellen, während das kleinere Gerät dahinter den Abschluß der Eingangsöffnung bewirkt. Das größere fördert sein Gesamtvolumen in das Gebäude.

Ob der Luftstrom die Eingangsöffnung optimal „abdeckt“ kann man mit den Händen erfühlen und so den Abstand bzw. die Neigung des Gerätes verändern.

3. Gebäudeauslaßöffnungen: die idealen Abmessungen der Auslaßöffnungen (Fenster, Türen) bei Anwendung der Überdruckbelüftung sind abhängig von der Pressung der eingesetzten Gebläse. Sie variieren zwischen ³/₄ bis 1³/₄ der Größe der Eingangsöffnung. Da sich der Überdruck im Gebäude am schnellsten bei einem günstigen Verhältnis zwischen Einström- und Austrittsöffnung aufbaut, kann es nötig sein, daß der Angriffstrupp offenstehende Fenster in Fluren oder Treppenaufgängen schließen muß und zwar diejenigen, die von der Einströmöffnung aus gesehen vor dem Brandherd liegen.

Entsprechende Erfahrungswerte sind durch Ausbildung und Übung leicht zu sammeln.

8.2. Einsatzhinweise

Belüften eines „Toten Raums“

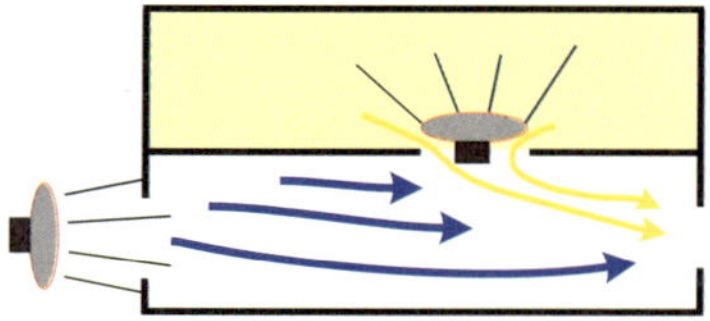

Belüften eines „Toten Raumes“

Als „Toten Raum“ bezeichnet man einen Raum, bei dem es nur eine Öffnung gibt. Um hier erfolgreich zu belüften, muß ein Lüfter direkt in die Öffnung des Raums gestellt werden. Ein zweiter Lüfter wird so in Stellung gebracht, daß er den durch Überdruck ausströmenden Rauch in Richtung einer Öffnung nach außen befördert.

Belüften eingeschossiger, mehrräumiger Wohnungen

Gebäude, bei denen mehrere Räume verraucht sind, müssen Raum für Raum belüftet werden. Die größte Wirkung bietet eine fortlaufende Belüftung. Es werden Öffnungen so geschaffen, daß immer nur ein Raum belüftet wird.

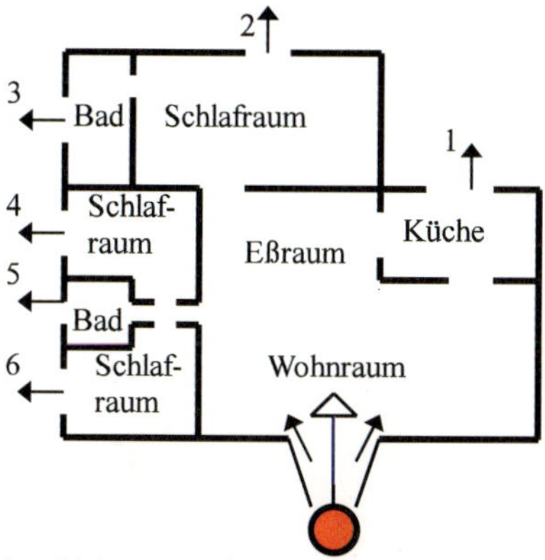

Belüften einer Mehrraumwohnung

Um die dargestellte Wohnung zu entrauchen, wird zunächst die Außentür der Küche geöffnet um Wohnraum, Eßraum und Küche zu belüften. Danach die Außentür schließen und das Fenster 2 sowie die

Türen des Schlafraums öffnen. Nach Belüftung das Fenster schließen und in gleicher Weise bei den Badezimmern und anderen Schlafzimmern verfahren.

Belüften mehrgeschossiger Gebäude

Sie werden grundsätzlich von unten beginnend belüftet, wobei zunächst obere Öffnungen geschlossen bleiben. Bei der Belüftung des 1. Obergeschosses sollte man die Öffnungen des Erdgeschosses, nach dem dieses belüftet wurde, schließen und das Gerät an seinem Ort belassen. Auf diese Art geht man etagenweise vor, wobei das Gebläse außerhalb des Gebäudes steht. Der Gebäudetyp entscheidet, ob horizontal oder vertikal entlüftet werden soll. Treppenhäuser werden vertikal, die übrigen Räume horizontal belüftet. Die Abbildung zeigt die Vorgehensweise bei einem Brand im 4. Obergeschoß. Die Wohnung und der Treppenraum sind verqualmt. Der erzeugte Überdruck befördert die Rauchgase über offene Fenster im 5. Stock und des Brandraumes ins Freie.

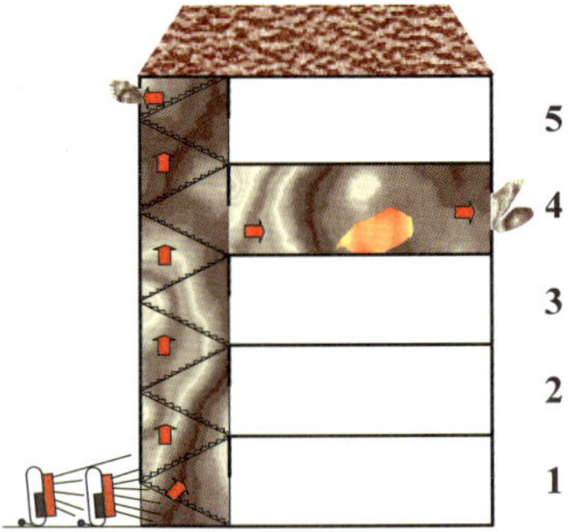

Brand im 4. Obergeschoß

ACHTUNG!

- Rauch und toxische Gase sind meist gefährlicher als die Flammen selbst. Der Rauch bewegt sich von unten nach oben, auch in Öffnungen und Schächten, bis zum höchsten Punkt, den er erreichen kann. Er breitet sich hier aus und staut alle nachkommenden Abgase auf. Der Rauch wird so in alle im zugänglichen Räume eindringen, also auch in tiefer gelegene Stockwerke
- Es ist stets zu überprüfen, welche Treppenhäuser zu welchen Geschossen führen und welche Treppenhäuser für die Einsatzkräfte zugänglich sind
- Beim Vorgehen können die Feuerwehrleute auf zuvor verdecktes Feuer und Rauch stoßen, es ist mit größter Vorsicht, unter Beachtung der taktischen Grundregeln, zu agieren.

Die Querbelüftung eines verqualmten Geschosses in einem Hochhaus ist relativ einfach zu realisieren. Mittels Gebläse wird im Treppenhaus eine vertikale Ventilation erzeugt.

Der Rauch wird zu einem offenen Fenster geführt, daß möglichst auf der Leeseite des Gebäudes liegt. Innerhalb der Treppenhäuser wird der Rauch von selbst nach oben

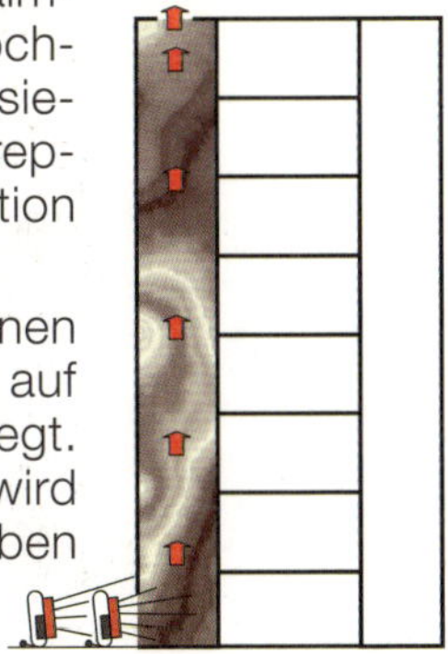

Vertikalbelüftung

getragen. Bei Gebäuden von 25 und mehr Stockwerken kann das Aufstellen eines zweiten Gebläses vor dem Quergang notwendig werden, um den Luftstrom zu verstärken. Befindet sich ein bis zum Dach reichendes Treppenhaus in der Nähe, so sollte der Rauch dorthin geleitet werden.

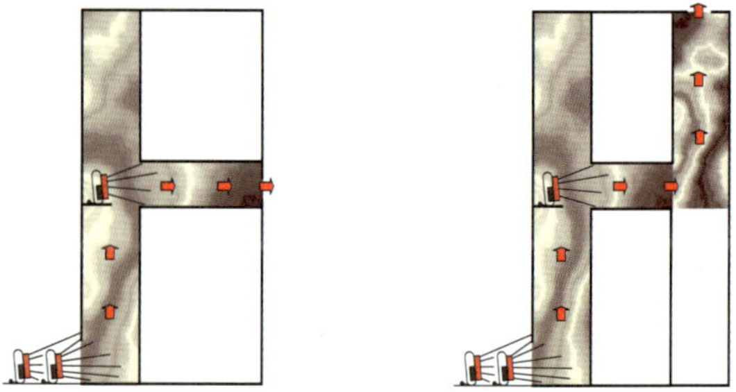

Querbelüftung

Kontrollbelüftungen

Mit der Überdruckbelüftung besteht die Möglichkeit, Brandräume dahingehend zu kontrollieren, ob das Feuer auch gänzlich gelöscht ist. Unmittelbar nach dem Löschprozess bewirkt der Frischluftzug durch ein Gebäude folgendes:

- Die gespeicherte Hitze wird samt der Luftfeuchtigkeit reduziert
- Vorhandener und noch entstehender Rauch kann reduziert werden
- Noch vorhandene Konzentration an Kohlenmonoxid kann minimiert werden.

Messungen haben gezeigt, daß ein Wert von 1000 ppm Kohlenmonoxid durch Ventilation schnell auf 200 ppm zu reduzieren ist.

Anmerkung:

- 400-500 ppm haben, über eine Stunde eingeatmet, keine gesundheitlichen Folgen
- 600-700 ppm/h haben negative gesundheitliche Folgen
- 1000-1200 ppm/h sind gefährlich
- 4000 ppm/h und darüber sind lebensgefährlich.

Die Wirkung eines Kontrollgebläses ist von seiner Größe abhängig. Ein Einzelgerät mit einer Leistung von

ca. 10 000 m^3/h ist für eine Fläche von 200 m^2 bis 300 m^2 geeignet.

NOTIZEN

9. Retten von Personen

9.1. Gerätekunde Handhabung und Betriebshinweise

9.1.1. Rettungs- und Arbeitsgerät „Rollgliss" R 300 ST Standard

Das Rollgliss (über Rolle gleitendes Seil) ist ein Gerät zum Ab- und Aufseilen von Menschen mittels Rettungsgeschirr bzw. Krankentrage sowie zum Selbstabseilen und Selbstaufseilen.

Ferner können Lasten (z.B. Einsatzgeräte) auf- bzw. abgeseilt werden.

Seine Standartausrüstung besteht aus:

- 1 schlag- und korrosionsfestes Auf- und Abseilgerät Rollgliss
- 60 m Polyamid-Kernmantelseil 9 mm Ø ; 1700 kp Höchstzugkraft mit eingeknüpfter Seilkausche, Hitzebeständigkeit: nach ca. 3 stündiger Dauerbelastung mit Erhitzung auf 205°C beträgt die Reißfestigkeit des Seiles immer noch 80%; das Seil ist fäulnissicher und verrottungsfest

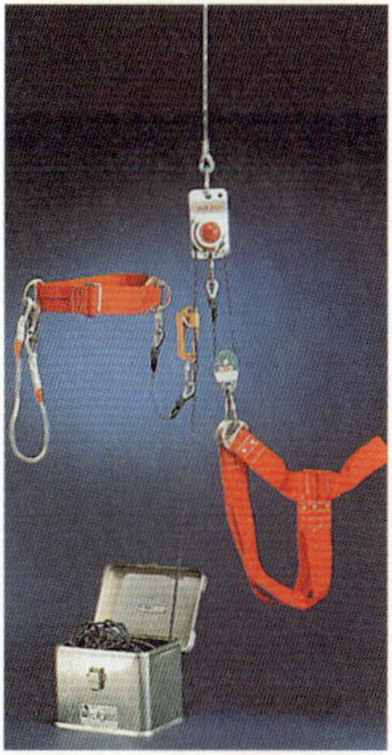

- 1 Rettungs Sitzgurt aus Perlon mit 4 LM-Fangösen
- 1 Sicherheitsgurt aus Perlon nach DIN 7470
- 1 Seilstopp-Handgriff mit Sicherungsseil oder Endlosschlinge und Karabinerhaken mit Verschraubung

- 1 Stahlseilschlaufe, 1 m lang, verzinkt, zur Befestigung des Abseilgerätes
- 1 Umlenkrolle (aufklappbar) aus verzinktem Stahl mit Karabinerhaken zum Aufseilen
- 2 Karabinerhaken aus verzinktem Stahl mit Verschraubung zum Aufhängen des Abseilgerätes und des Sitzgurtes
- 1 Leichtmetallkoffer oder auf Wunsch 1 Seil- und Gerätesack.

Anmerkung: im Zubehörprogramm weitere Geräte wie: Sitz, Wanne, Dreibeinständer.

Betriebshinweise

Beim Abseilen gleitet das Seil um die durch die Rücklaufsperre blockierte Rolle.

Das Seil ist 2 $^1/_2$ fach mit einem Umschlingungswinkel von 900° um die Rolle geführt, wodurch die abzuseilende Last gebremst wird. Die Rolle dreht sich nur beim Hochziehen des Seiles. Rolle und Seil sind aufeinander abgestimmt. Das Rollgliss ist so konstruiert, daß ein Ausspringen oder Übersteigen

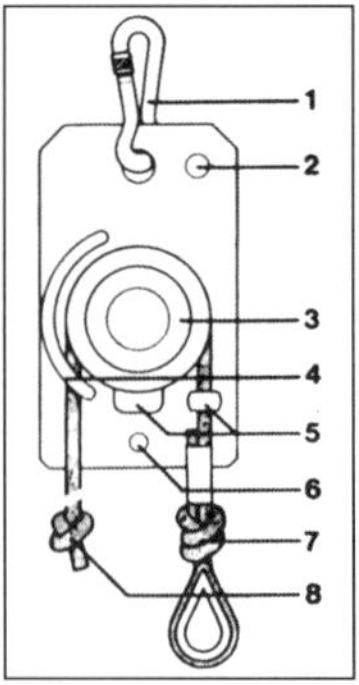

1 Karabinerhaken Stahl verzinkt mit Verschraubung
2 Bohrung zur Befestigung des Rettungs-Sitzgurtes bei Einseilabseilung
3 Seilrolle mit eingebauter Rücklaufsperre. Beim Abseilen steht die Rolle fest, beim Aufseilen dreht sie sich
4 Seilführungsbügel
5 Seilführungen
6 Bohrung zum Einhängen des Seils mit Karabiner mit Verschraubung und eingescherter Bockrolle zum Aufseilen
7 Lastseil mit Seilkausche (auslaufend)
8 Leerseil, Ende mit Knoten gesichert (einlaufend)

des belasteten Seiles auf der Rolle unmöglich ist. Beim normalen Abseilen eines Gewichtes von 100 kg bedarf es lediglich einer mit der Hand auszuübenden Gegenkraft von ca.5 kg.

Die zulässige Gesamtbelastung des Gerätes beträgt 150 kg. Das Einscheren von Umlenkrollen bzw. Umlenkrollenkombinationen bewirkt, daß das Gerät beim Aufseilen wie ein Flaschenzug funktioniert.

Anlegen des Sitzgurtes

Der Rettungs Sitzgurt ist ein wichtiger Bestandteil des Rettungsgerätes. Die Konstruktion ermöglicht ein schnelles und sicheres Anlegen ohne die Mithilfe des Abzuseilenden. Es ist keine Größenverstellung notwendig, der Gurt paßt für Kinder genauso wie für sehr starke Erwachsene! Bei verletzten Personen kann der Gurt liegend, sitzend oder stehend angelegt werden, ohne den Verletzten dabei heben zu müssen. Befindet sich die zu rettende Person im Gurt, ist ein Herausfallen unmöglich.

Wenn der Gurt mit einem Karabiner am Seil befestigt ist, kann er durch Einsteigen sehr schnell von immer neuen Personen nacheinander genutzt werden.

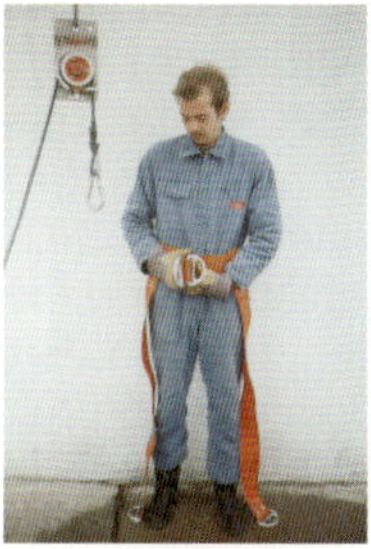

Handhabung des Seilstoppgerätes

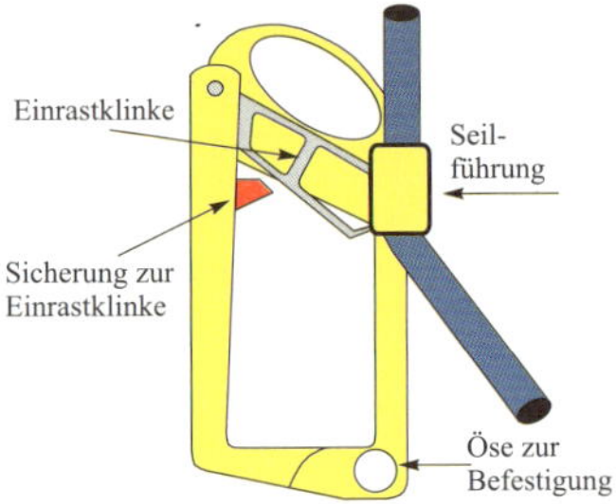

Das Seilstoppgerät ist eine vorgeschriebene Blokkiervorrichtung. Vor jedem Abseilvorgang mit Gegenseil wird das Leerseil in das Seilstoppgerät eingelegt und das Seilstoppgerät mit Sicherungsseil oder Endlosschlinge und Karabiner am Sicherheitsgurt des Abseilenden befestigt.

ACHTUNG! Beim Anbringen des Seilstoppgerätes niemals Leerseil mit Halteseil verwechseln.

Während des Abseilvorganges wird die Einrastklinke mit dem Daumen gelöst. Wird die Einrastklinke losgelassen, blockiert das Seilstoppgerät sofort das Leerseil. Der Seilstopp kann absichtlich verursacht werden, oder er geschieht automatisch bei Ausfall des Abseilenden. Wird danach der Abseilvorgang fortgesetzt, ist das Leerseil leicht anzuziehen, das Seilstoppgerät in die Gegenrichtung zu schieben und die Einrastklinke durch Daumenzug wieder zu lösen. Bei der nachfolgend beschriebenen Selbstabseilung mit Gegenseil wird das Seilstoppgerät grundsätzlich in gleicher Weise eingesetzt.

Das Abseilen

Abseilen

Fremdabseilung

- Rollgliss an geeigneter Stelle befestigen
- Sitz- oder Rettungsgurt anlegen und an Lastseil befestigen
- Abseilvorgang durch Retter von oben: Rettungshöhe = Seillänge
  von unten: Rettungshöhe = ½ Seillänge
- Retter läßt Halteseil durch rechte Hand laufen und sichert mittels Seilstoppgerät über linke Hand

Selbstabseilung

Gegenseil-Abseilung

- Rollgliss an geeigneter Stelle befestigen
- der sich Abseilende bremst sich selbst am Halteseil
- Rettungshöhe = ½ Seillänge
- Seilstoppgerät in Halteseil einklinken und am Sitz- oder Rettungsgurt befestigen
- Selbstaufseilen ist möglich

Einseil-Abseilung

- Kausche des Seilendes an geeigneter Stelle befestigen
- Rollgliss wird um 180° gedreht
- Sitz- oder Rettungsgurt mit Karabiner in der äußeren Bohrung des Grundgerätes einhängen
- der sich Abseilende bremst sich durch Ziehen am Seil ab
- Rettungshöhe = Seillänge

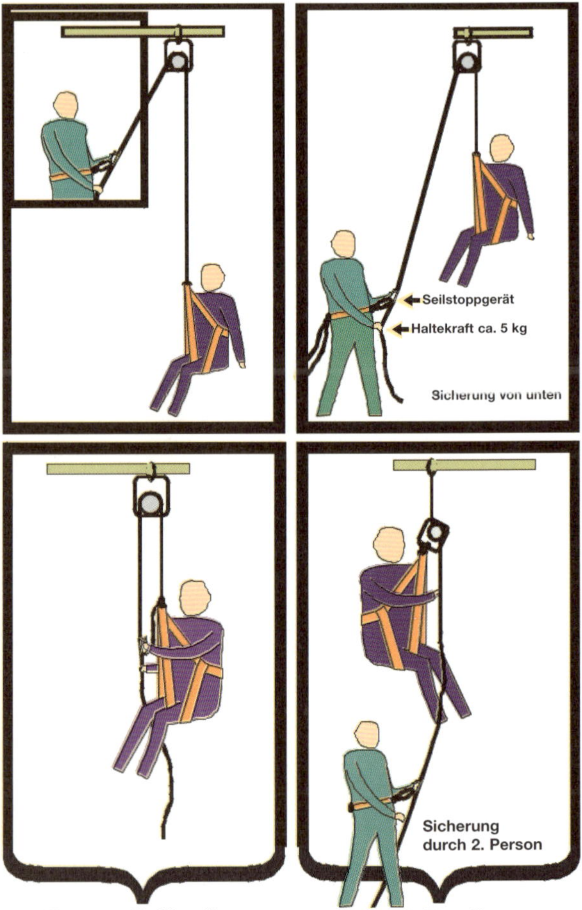

Gegenseil-Abseilung

Einseil-Abseilung

Das Aufseilen

Durch Einscheren einer speziellen aufklappbaren Bockrolle bzw. Rollenkombinationen wird das Rollgliss in ein Hebegerät mit Flaschenzugeffekt umgewandelt. Bei der Rettung aus Brunnen oder Schächten kann dazu das Dreibein, an dem das Rettungsgerät befestigt wird, eingesetzt werden.

Es kann hierzu das Rollgliss-System R300 ES (Einstiegsicherung und Rettungsgerät) aber auch das System R300 Z genutzt werden, das mit einer Rücklaufsperre und Zackenradarretierung als zusätzliche Sicherheit ausgestattet ist.

Betriebshinweis: zum Ab- und Aufseilen in engen Schächten u.ä. kann an Stelle des Sitzgurtes auch ein Auffanggurt (Rettungsgurt) DIN 7478 „Sicherheitsgeschirre; Auffanggurte; Sicherheitstechnische Anforderungen, Prüfung“ eingesetzt werden. Durch Anschlagen des Seiles an den Fangösen in Schulterhöhe wird eine senkrechte Körperhaltung, durch Anschlagen im Rückenbereich wird eine nach vorn gebeugte Körperhaltung erreicht.

Wartung des Rettungsgerätes

Der Hersteller empfiehlt, an den Geräten nach spätestens 10 Jahren eine Revision durchführen zu lassen. Hierbei wird der Austausch von bestimmten Teilen sowie eine Überprüfung des gesamten Gerätes vorgenommen.

Bei der Beurteilung ob ein Seil noch gebrauchsfähig ist, orientiert man sich an den sichtbaren **Verschleißerscheinungen** des Seiles. Ein Seil kann als gebrauchsfähig gelten, solange der innere Teil des Seiles (der Kern) nicht sichtbar ist und solange das Seil keine Unregelmäßigkeiten, wie Knicke, Verdickungen etc. aufweist.

Die beiden Elemente des Seiles haben Kontrastfarben, um die Verschleißkontrolle zu erleichtern. Der Seilmantel ist blau, der Seilkern ist weiß. Es wird emphohlen, unabhängig von der Gebrauchshäufigkeit, die Seile 5 Jahre nach Herstellungsdatum generell auszutauschen.

Das Seil kann nach starker Verschmutzung unter Verwendung eines Feinwaschmittels bei 30 Grad in einer Maschine gewaschen werden.

9.1.2. Hydraulische Rettungsgeräte

Erst seit 1972 bei den Feuerwehren eingesetzt, haben sie inzwischen ihre Bedeutung bei Einsätzen zur Befreiung von Unfallopfern im Straßen- und Schienenverkehr sowie bei sonstigen technischen Hilfeleistungen nachgewiesen.

9.1.2.1. Hydraulische Handpumpe

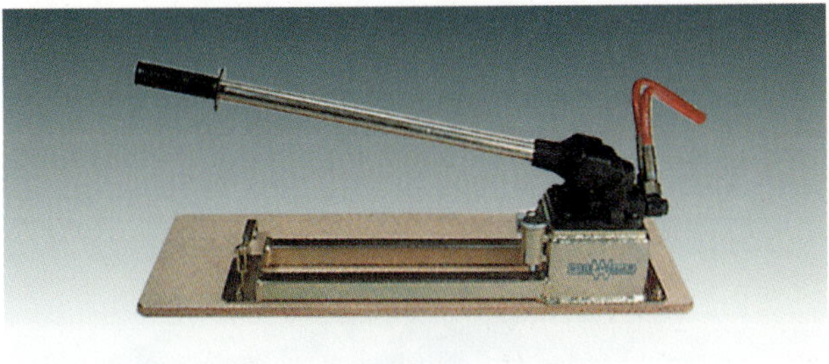

hydraulische Handpumpe (Fa. Weber)

Die Handpumpen sind Zweistufenkolbenpumpen, für den Nieder- und Hochdruckbereich mit Druckbegrenzungsventil versehen. Das Umschalten auf die Hochdruckstufe erfolgt bei 140 ± 10 bar. Der Nenndruck beträgt 630 bar. Sie sind für den Betrieb des Hydraulischen Schneidgerätes vorgesehen, sofern keine anderen Energiequellen zur Verfügung stehen. Sie sind bis 30° lageunabhängig einsetzbar. Der Ölbehälter hat ein Füllvolumen von 450 cm^3 Es sind 5 m lange Schläuche montiert.

Spreizer sollen nicht mit der Handpumpe betrieben werden. Ausnahme: Notsituation, z. B. Ausfall des Motoraggregates.

Da die Öffnungs- und Schließzeiten erheblich größer sind als beim Motorbetrieb, ist die Verwendung der Handpumpe im Rettungseinsatz unrealistisch. Es werden zum Öffnen eines Schneidgerätes Typ S 90 9 Pumpstöße und zum Schließen 25 Pumpstöße benötigt.

9.1.2.2. Hydraulik-Aggregate

Hydraulik-Aggregate haben die Aufgabe, für die hydraulischen Rettungsgeräte den erforderlichen Arbeitsdruck zu erzeugen. Es werden hierzu Radial-Kolbenpumpen eingesetzt, die von Verbrennungs- oder Elektromotoren angetrieben werden.

tragbare Einheit mit E-Motor (Fa. Weber)

Grundaufbau

Das Hydraulik-Aggregat (hier am Beispiel eines Weber-Aggregates) besteht aus:

- Elektromotor	Einphasen-Wechselstrom 220 V; 50 Hz; 1,1 kW; Schutzart IP54; mit Motorschutz; Ein- und Ausschalter; 10 m Anschlußleitung mit Schutzkontaktstecker; Bauform V1
oder	ältere Ausführung: 220 V; 50 Hz; 0,9 kW; Schutzart IP 44; Bauform V1
- Verbrennungsmotor	Viertakt-Benzin-Motor; Hubraum 190 cm^3; 3,3 kW Leistung bei 3100 min^{-1}

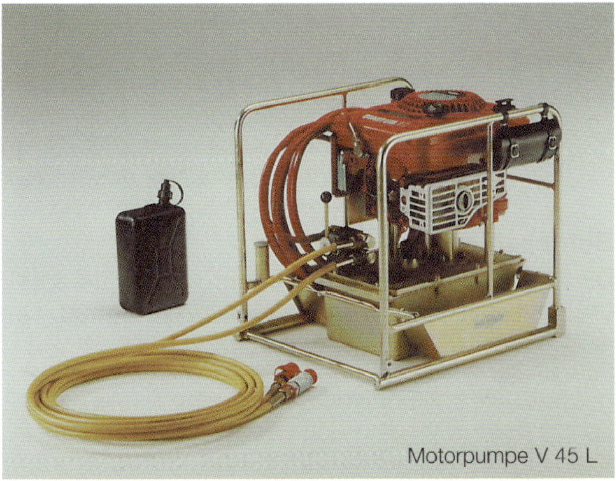

Motorpumpe V 45 L

- Radialkolbenpumpe	mit fest eingestelltem Druckbegrenzungsventil; Betriebsdruck 630 bar
- Ölbehälter	Tankvolumen 6,0 L; mit Füllstandsanzeige; Funktionsfähigkeit bis 30° Schräglage; Flammpunkt des Betriebsmediums min. 90°C
- Hydraulikschläuche	bis 25 m ohne Druckverlust; kleinster Biegeradius 60 mm; mit unverwechselbaren Steckkupplungen und farblicher Unterscheidung der Schlauchpaare
- Umschaltventil	Schaltventil für wechselseitigen Betrieb der Rettungsgeräte
- Gestell	Rohrrahmen-Traggestell mit nachrüstbaren Tragegriffen und Gerätehalterungen; am Gestell können Schnellangriffshaspeln mit 2 x 20 m Schlauchpaaren angebracht sein.

Betriebshinweise

Die Hydraulikpumpe und die Rettungsgeräte arbeiten nach dem Prinzip der Kraftvervielfältigung. Der Kraftkolben der Pumpe hat einen geringeren Querschnitt als der Lastkolben des jeweiligen Rettungsgerätes. Die Lastkolben können kolben- und ringseitig mit dem Pumpendruck beaufschlagt werden, so daß die Geräte für das Öffnen bzw. Schließen doppelt wirksam sind. In den Aggregaten eingebaute Druckbegrenzungsventile ermöglichen das Arbeiten in zwei Druckstufen. Am Beispiel des Typ E 45 2-stufig:

- Niederdruckstufe	bis ca. 150 bar = 2,2 l/min Ölstrom
- Hochdruckstufe	bis ca. 630 bar = 0,8 l/min Ölstrom.

Die unterschiedlichen Ölvolumenströme haben zur Folge, daß die Arbeitsgeschwindigkeit in der Niederdruckstufe ca. dreimal höher ist. Ein zweistufiges Hydraulikaggregat arbeitet in der Niederdruckstufe, solange die angeschlossenen Geräte unbelastet sind. Werden die Geräte belastet, schaltet das Hydraulikaggregat automatisch auf die Hochdruckstufe um. Wird der Motor in Betrieb gesetzt, fördert die Radialkolbenpumpe den Ölstrom über das Umschaltventil, das noch in Nullstellung steht, drucklos zum Ölbehälter zurück.

Forderung der DIN 14751 T1 „Hydraulisch betätigte Rettungsgeräte für die Feuerwehr; Spreizer“: sofern an eine Pumpe mehr als ein Gerät angeschlossen werden kann, muß gleichzeitiger Betrieb der Geräte ausgeschlossen sein.

Die hydraulischen Rettungsgeräte werden durch die Steckkupplungshälften verwechselungsfrei und schnell an das Hydraulikaggregat angeschlossen und sind dann sofort einsatzbereit. Durch Betätigen des Umschaltventils wird dem Steuerteil des jeweiligen Gerätes Drucköl über die Vorlaufleitung zugeführt.

Das $^{3}/_{4}$ -Wegeventil des Steuerteils führt das Drucköl in der Nullstellung über die Rücklaufleitung drucklos zum Ölbehälter zurück. Diese Nullstellung, auch als Totmannschaltung bezeichnet, wird durch Federkraft erreicht. Wird der Druckknopf des $^{3}/_{4}$ -Wegeventils betätigt, gelangt der Ölstrom in den Zylinder des Gerätes. Hier baut sich je nach gewünschter Steuerungsrichtung vor oder hinter dem Kolben der Arbeitsdruck auf, das Gerät öffnet- bzw. schließt sich. Die Bewegungsgeschwindigkeit und der Druckaufbau lassen sich durch mehr oder weniger Eindrücken der Knopfenden beeinflussen. Die Geräte können in jeder Einsatzstellung auch unter Last gewollt oder ungewollt durch Loslassen des Bedienhebels angehalten werden. Der im Gerät durch die jeweilige Last aufgebaute Betriebsdruck bleibt durch das Ansprechen eines Doppel-Rückschlagventils erhalten, wodurch die angreifende Last augenblicklich fixiert wird.

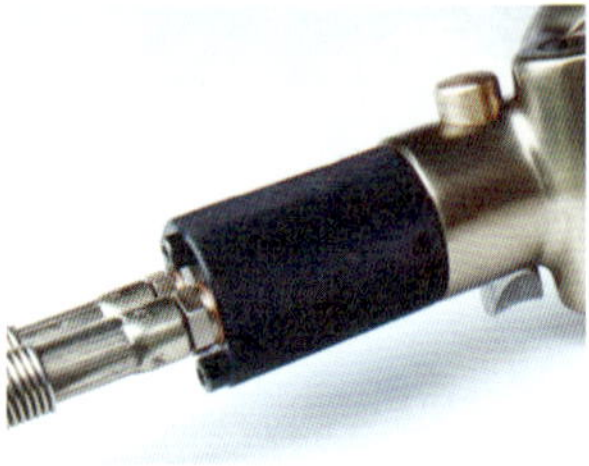
Steuergriff mit $^{3}/_{4}$ Wegeventil (Fa. Weber)

Das Doppel-Rückschlagventil wird auch dann wirksam, wenn ein plötzlicher Druckabfall durch Ausfall des Pumpenaggregates oder durch den Bruch einer Leitung entsteht.

Die Hersteller bieten auch kompakte, leichte Hydraulikpumpen an, die nur für den Anschluß eines Schlauchpaares vorgesehen sind. Auch für diese Aggregate werden alternativ Verbrennungsmotor

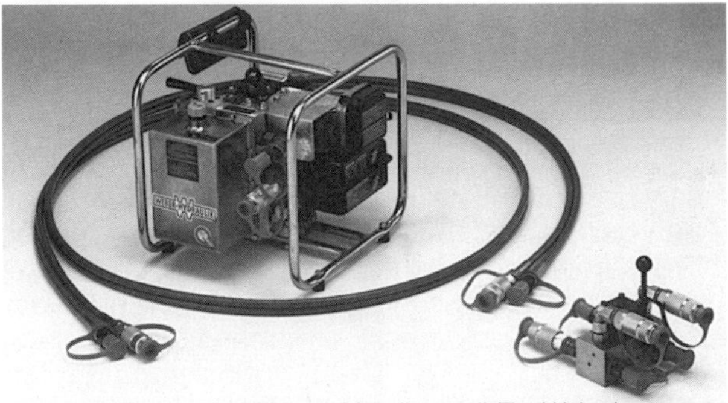

Hydraulik-Aggregat V 330 mit Verteilerventil (Fa. Weber)

oder Elektromotor angeboten. Ein zwischengeschaltetes Verteilerventil ermöglicht den wechselseitigen Betrieb von zwei Geräten.

Handhabung

- Bei Undichtheiten, aber auch bei jedem Kupplungsvorgang, gehen kleinere Ölmengen verloren; deshalb sind an den Ölbehältern Schaugläser bzw. Ölmeßstäbe für die Ölstandskontrolle vorhanden; der Ölstand ist regelmäßig zu überprüfen
- Bei der Inbetriebnahme des Elektro- oder Verbrennungsmotors muß das Umschaltventil auf Nullstellung stehen; nur in dieser Schaltstellung dürfen die Schlauchpaare an- oder abgekuppelt werden; bevor einem Schlauchpaar Öl zugeführt wird, muß ein Gerät angekuppelt sein, um einen Kreislauf zu gewährleisten
- Die Schlauchpaare brauchen für den Einsatz nur soweit wie notwendig von den Haspeln abgetrommelt werden

- Werden die Geräte längere Zeit während des Einsatzes nicht genutzt, so sollte der Motor abgestellt werden, um eine unnötige Ölerwärmung zu vermeiden
- Sind die hydraulischen Rettungsgeräte nicht an den Hochdruckschläuchen angekuppelt, ergeben sich bei einem Temperaturanstieg in den Geräten Druckerhöhungen um ca. 9 bar / 1°C; mit dieser Druckerhöhung lassen sich die Geräte nicht an das Schlauchpaar ankuppeln; um diesen Druck abbauen zu können, wird ein **Druckentlastungsstecker** in die Kupplungsmuffe des Rettungsgerätes eingesetzt; mittels beweglichem Dorn, der vor dem Einsetzen durch eine Rändelschraube zurückgedreht wurde, kann das Kupplungsventil durch Hineindrehen des Dornes geöffnet werden; hierbei entweichen einige Tropfen Öl, der Druck wird entspannt und die Kupplungshälften lassen sich wieder zusammenstecken; der Druckentlastungsstecker befindet sich in einer Halterung an dem Hydraulikaggregat und ist an der Handpumpe mit einer Kettenhalterung befestigt
- Im Steuergriff der Geräte befindet sich ein Druckbegrenzungsventil, das zum Schutze des Gerätes und des Bedieners bei 140 bar anspricht, wenn der Ölrücklauf unterbrochen ist; am Griffende tritt dadurch Öl aus. Das ist dann der Fall, wenn die Kupplungshälften nicht richtig eingerastet sind oder eine Verstopfung vorliegt; sofort das Umschaltventil am Aggregat in Null-Stellung bringen und die Ursache beseitigen

- Nach dem Einsatz die Geräte nicht in den Endstellungen voll geöffnet/voll geschlossen belassen, da diese sonst ständig mechanisch und hydraulisch belastet bleiben.

ACHTUNG!

- Bereich der Kupplungshälften vor Verschmutzung schützen, sonst evtl. Probleme beim Kuppeln oder Unterbrechung des Ölstroms. Kupplungshälften mit Schutzkappen versehen
- Schlauchpaare:
  - nicht knicken, oder auf Zug belasten
  - Außenummantelung nicht beschädigen, sonst Aussonderung infolge Korrosion des Stahlgewebes notwendig.

9.1.2.3. Hydraulische Spreizgeräte

Spreizer werden zur Rettung eingeschlossener oder eingeklemmter Unfallopfer eingesetzt. Sie dienen vornehmlich zum Aufsprengen von Türen, Wegsprei-

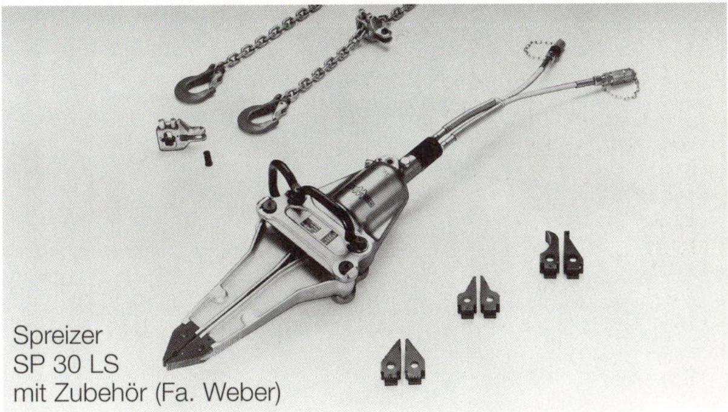

Spreizer
SP 30 LS
mit Zubehör (Fa. Weber)

zen von Karosserieteilen, zum Wegziehen von Lenksäulen, zum Hochdrücken von Fahrzeugdächern usw. Sie werden vor allem dort eingesetzt, wo funkenbildende Geräte, wie Trennschleifer oder Brennschneidgeräte nicht einsetzbar sind.

Sie werden nach DIN 14 751 T1 „Hydraulisch betätigte Rettungsgeräte" in zwei Typklassenen eingeteilt.

(Siehe Anlage Tabelle 2)

Die Bezeichnung für einen genormten Spreizer mit 45 kN Spreizkraft und Elektropumpenaggregat lautet:

Spreizer DIN 14 751- SP 45- E

Auch ungenormte Zwischengrößen werden angeboten und sind einsetzbar.

Grundaufbau

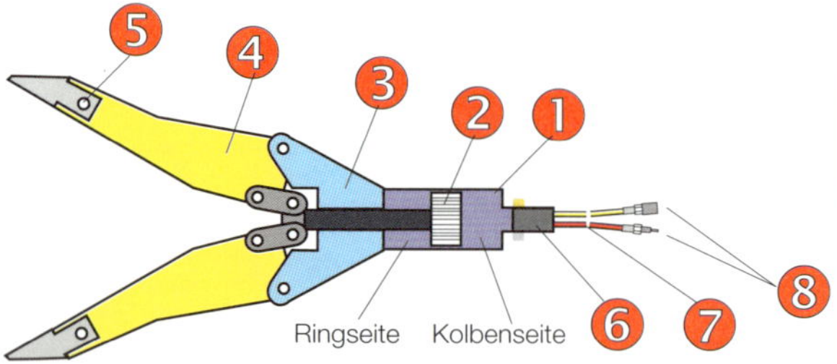

1 Zylinder
2 Kolben
3 Joch
4 Spreizarm
5 Kettenzugpunkt
6 Steuergriff
7 Höchstdruckschläuche
8 Steckkupplung

Spreizer

Ein Spreizer besteht im wesentlichen aus drei Hauptbaugruppen:

- Dem Joch in Stahl oder Aluminiumausführung mit Haltegriffen und Lagerbolzen
- Zwei Spreizerarmen aus hochfesten Materialien, wie: Titan, Werkzeugstahl oder Aluminiumlegierungen
- Hydraulikzylinder, doppelt wirkend, mit Steuerventil.

Das Joch mit seinen Haltegriffen ist der Dreh- und Haltepunkt der Spreizerarme. Die Arme werden je nach Fabrikat über ein angegossenes Zahnsegment über eine Zahnstange oder durch eine Hebelübersetzung aus- und eingeschwenkt. Die Spreizerspitzen sind auswechselbar und können mit Gelenkhaken bzw.Kettenschlössern oder Schälwerkzeugen ausgetauscht werden.

Spreizerzubehör

- Transportkasten
- Gelenkhaken bzw. Kettenschlösser
- Zugketten, min. 1,8 m lang
- Ersatzspreizerspitzen
- Gurtmesser mit Knopf an der Spitze und Lederschutzhülle, Kappmesser mit Lederschutzhülle
- Zwei Paar Fünffingerschutzhandschuhe
- Zwei Stück Gesichtsschutz
- Ein Unterlegklotz aus Hartholz 300 mm x 120 mm x 40 mm
- Eine Kanne mit Hydraulik-Flüssigkeit.

Weiteres Zubehör: Schälsatz, bestehend aus Schneid- und Klemmbacke, 1 Paar Spreizerspitzen in schlanker Form, 2 l Reserve-Kanister (bei V-Motor).

Handhabungs- und Betriebshinweise Spreizen

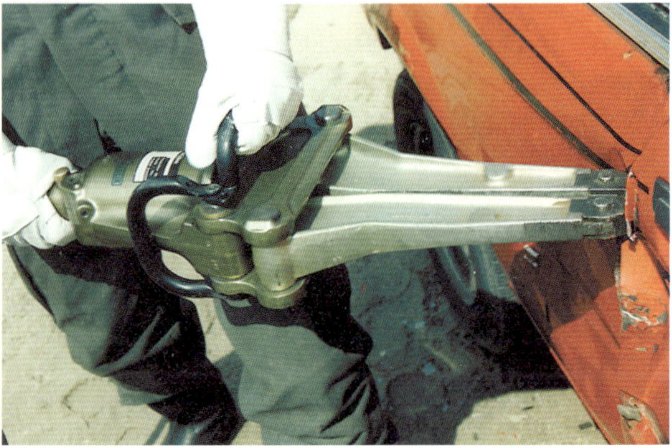

Spreizer möglichst im geriffelten Bereich ansetzen

Die Spreizerspitzen sind an ihrer Außenseite mit einer Riffelung versehen. Es ist vorteilhaft, in diesem Bereich zu spreizen, um ein evtl. Abgleiten und Oberflächenbeschädigung zu vermeiden.

Die Spreizerspitzen möglichst weit in den zu spreizenden Spalt schieben, um so eine Erhöhung der Spreizkraft zu erreichen. Das Abrutschen der Spreizerspitzen durch rechtzeitiges Neuansetzen unbedingt vermeiden.

ACHTUNG!

Die Arbeitsrichtung des Spreizers immer so wählen, daß wegzuspreizende Teile von der zu rettenden Person weggeführt werden. Angehobene Lasten müssen sofort in geeigneter Weise sicher abgestützt werden.

Während des Einsatzes, insbesondere beim Quetschen von Profilen, auf mögliche Verformung der Spreizerarme achten. Gegebenenfalls den Arbeitsvorgang unterbrechen und den Spreizer neu ansetzen. Bei eventuell bleibender Verformung darf mit dem Gerät nicht weiter gearbeitet werden.

Heben, Abstützen, Absenken

Beim Bewegen von Lasten auf weichem Untergrund ein Unterlegholz unter den unteren Spreizerarm legen!
Last unter Umständen gegen Wegrutschen, Wegrollen oder Kippen sichern!

Quetschen

men wird durch Schließen der Spreizerarme vorgenommen. Einige Spreizertypen sind hierzu an den Innenflächen der Arme geriffelt. Hier ist der größte Leistungsbereich!

ACHTUNG! Quetschgut kann plötzlich abspringen! Personen dürfen sich nicht vor den Spreizerarmen aufhalten.

Ziehen oder Absenken mit Zugkettensatz

Bei Verwendung des Spreizers mit Zugketten dient eine Kette als Anschlagmittel, die andere Kette als Zugmittel.

Stets im direktem Zug arbeiten! Ketten möglichst nicht um Ecken, Kanten oder Gegenstände herumführen!

ACHTUNG! Die Anschlagpunkte sind die Schwachpunkte! Lasthaken und Ketten auf korrekten Sitz überprüfen, dann erst die Last ziehen oder absenken.

Beim Ziehen besondere Vorsicht walten lassen, da hier erhöhte Unfallgefahr im Nahbereich der Zugketten besteht.

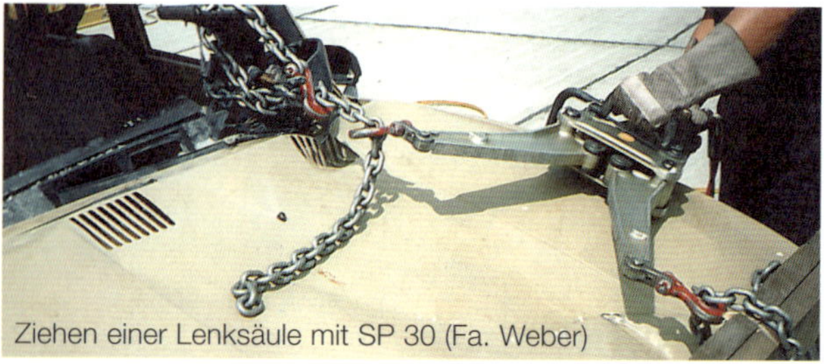

Ziehen einer Lenksäule mit SP 30 (Fa. Weber)

Schälen/Schneiden

Ansetzen eines SP zum Schälen (Fa. Hurst)

Schäl- bzw. Schneidvorgang

Für den speziellen Einsatz, z. B. bei Zug- und Busunfällen, stehen Klemm- und Schneidbacken zur Verfügung. Die Backen werden anstelle der Spreizerspitzen an den Spreizerarmen befestigt. Nach Möglichkeit sollte die Klemmbacke an einem Festpunkt angesetzt werden, damit die Schneidbacke das Blech seitlich abrollen kann, anderenfalls ist zuvor eine Ansatzöffnung durch ein Hilfswerkzeug zu schaffen.

9.1.2.4. Hydraulische Schneidgeräte

Hydraulische Schneidgeräte werden zur Rettung eingeklemmter oder eingeschlossener Unfallopfer eingesetzt. Sie dienen vornehmlich zum Durchtrennen von Türpfosten, Türschwellern, Dachholmen usw.

Sie werden nach DIN 14 751 T2 „Hydraulisch betätigte Rettungsgeräte“ in zwei Typklassen eingeteilt.

(Siehe Anlage Tabelle 3)

Die Bezeichnung eines Schneidgerätes (S) mit einer

Maulweite von 150 mm und mit Elektromotorpumpenaggregat (E) lautet: Schneidgerät DIN 14 751 - S 150-E

Es werden aber auch ungenormte Geräte angeboten und sind von der Feuerwehr nutzbar.

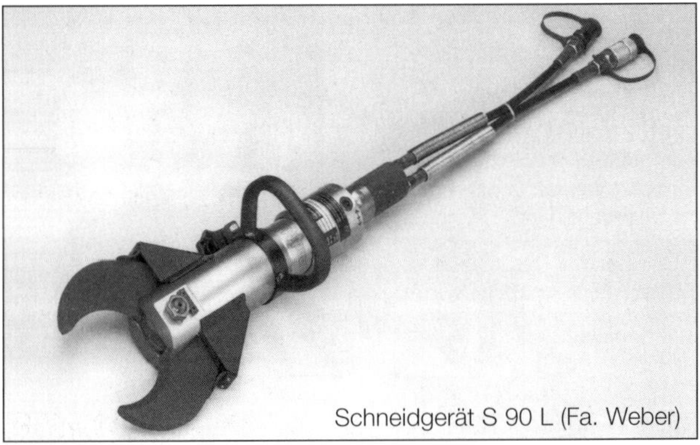

Schneidgerät S 90 L (Fa. Weber)

Schneidgerät S 180 (Fa. Weber)

Grundaufbau

Ein Schneidgerät besteht im wesentlichen aus drei Hauptbaugruppen:

- dem Scherkörper mit den Schermessern
- dem doppelt wirkenden Hydraulikzylinder
- dem Steuerventil am Steuergriff.

Die Schermesser sind auswechselbar, können bei entsprechendem Verschleiß bis zu 2 mm nachgeschliffen werden und sind mit einem Rundmaterialschneider versehen.

Durch den doppelt wirkenden Hydraulikzylinder wird das Schneidgerät auch dann geöffnet, wenn ein äußerer Widerstand anliegt.

Das Schneidgerät arbeitet nach dem gleichen Wirkungsprinzip wie der hydraulische Spreizer.

Handhabungs- und Bedienungshinweise

Schneiden einer Pkw-Karosseriesäule

Schneidgeräte sind geeignet für den Einsatz an Karosserieteilen, wie Türsäulen, Dachträger, Windläufen, Lenkrädern und anderen Karosseriepartien des Pkw, des Omnibusses oder Lkw-Fahrerhauses.

Im Bereich von Hoch- und Tiefbauunfällen ist die Rettungsschere zum Durchtrennen von Moniereisen zwischen geborstenen Betonelementen an Trümmerstellen, Gerüstkonstruktionen u.ä. einsetzbar.

Dabei ist zu beachten:

- Schneidgeräte sollen möglichst rechtwinklig zum Schneidgut angesetzt werden, da sonst die Gefahr besteht, daß die Schermesser brechen
- Der Trennschnitt ist unbedingt mit der langsamsten Schließgeschwindigkeit des Schneidgerätes zu beginnen; der Bediener ist kaum in der Lage der Eigenbewegung des Gerätes mit Muskelkraft entgegenzuwirken; es ist daher auch auf notwendigen Freiraum zu achten
- Die Spitzen der Rundmaulscheren nicht zum Quetschen einsetzen, hierzu den Spreizer verwenden, wenn die Maulöffnung das Schneidgut nicht umfassen kann.

ACHTUNG!

Mit Schneidgeräten dürfen keine gehärteten Teile wie Lenksäulen, Achsen, Spurstangen, Stoßdämpfer und ähnlich gehärtete Maschinenteile sowie nach Möglichkeit keine Teile mit freien Enden getrennt werden.

9.1.2.5. Kombinationsgerät

Für Einsätze im Bereich leichter Anforderungen stehen sogenannte „Kombinationsgeräte“ zur Verfügung.

Ohne Gerätewechsel sind drei verschiedene Arbeitsgänge mit dem Gerät möglich: Spreizen; Schneiden; Ziehen.

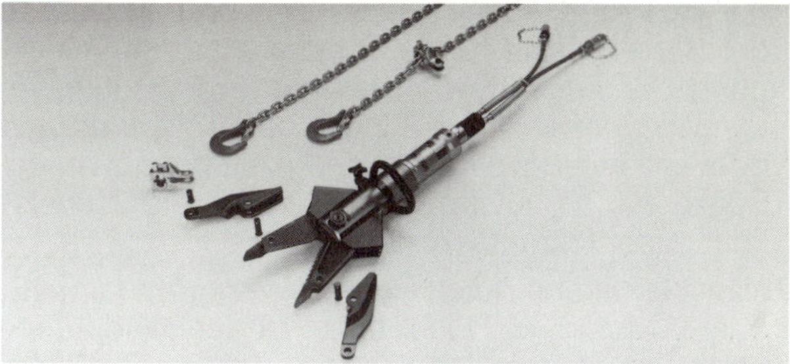

Dieses Schneidgerät arbeitet nach dem gleichen Wirkungsprinzip wie der hydraulische Spreizer.

Neben den Handhabungs- und Betriebshinweisen, wie sie zu Spreizer und Schneidgerät bereits beschrieben wurden, sind nachfolgende zu beachten: (Typ Vario-Weber siehe Bild oben)

- Für den Arbeitsgang Schneiden gleiche Einsatzmöglichkeiten wie bei Rundmaulschneidgerät
- Für den Arbeitsgang Spreizen ist der kürzere Spreizweg gegenüber einem genormten Spreizer zu berücksichtigen; die Spreizkraft an der Spitze der Arme beträgt 23 bis 31 kN

◄ Der kurze Spreizweg ist zu beachten

- Für den Arbeitsgang Ziehen sind an den Spitzen der Schermesser (Arme) Zugaufsätze zur Befestigung der Zugketten anzubringen; die Zugketten können hier mit einem Schnellspannschloß gekürzt oder verlängert werden; die Zugkraft beträgt an der Spitze der Zugaufsätze 25 bis 31 kN, die Schneidkraft in der Mitte der Arme 50 bis 78 kN
- Das Gerät kann durch Hydraulik-Aggregate mit E- oder V-Motor , im Notfall auch mit der Handpumpe betrieben werden.

9.1.2.6. Schneidgerät S30

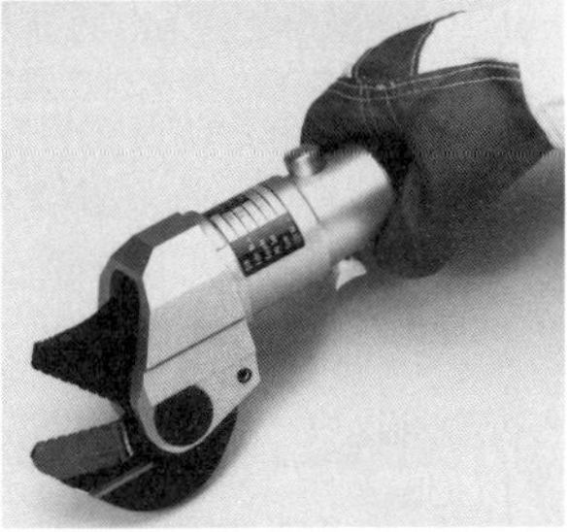

Schneidgerät S 30 (Fa. Weber)

Dieses Schneidgerät ist auf engstem Raum, z. B. im Fußraum von Unfallfahrzeugen einsetzbar. Es ist zum Schneiden von Pedalen, Lenkrädern, Gitterstäben, Türketten usw., bei Vollmaterialstärken bis ca.15 mm,bei Flachstahl 8 x 40 mm, geeignet. Durch die besonders leichte Bauweise kann das Gerät einhändig bedient werden. Ein fortlaufendes Schneiden in Blechteilen ist teilweise möglich. Die Schneidbacken eignen sich zum Wegspreizen zur Schaffung von Schneidfreiraum, sie sind hierfür an ihren Außenkanten mit einer Riffelung versehen. Das Gerät kann durch Hydraulik-Aggregate mit E- oder V-Motor sowie mit Handpumpe betrieben werden.

9.1.2.7. Hydraulische Rettungszylinder

Nach der Begriffsbestimmung der DIN 14 751 T3 „Hydraulisch betätigte Rettungsgeräte“ sind Rettungszylinder besonders gestaltete, hydraulisch betätigte Geräte zur Rettung eingeschlossener oder eingeklemmter Personen. Sie dienen vornehmlich zum Hochdrücken von Lenksäulen, Fahrzeugdächern und anderen Hindernissen sowie zum Wegdrücken, Abstützen, Aussteifen usw.

Allgemeine Anforderungen der DIN:

- Ein Satz Rettungszylinder (im folgenden kurz SRZ genannt) muß mindestens einen Spreizweg von 540 mm (eingefahrene Baulänge des kürzesten Rettungszylinders) bis 1500 mm (ausgefahrene Baulänge des längsten Rettungszylinders) mit max. 3 Rettungszylindern (im folgenden kurz RZ genannt) lückenlos überstreichen können
- Die Druckkraft jedes RZ muß min. 60 kN betragen
- RZ dürfen – neben dem Drücken – auch zum Ziehen ausgelegt sein
- RZ können auch einzeln eingesetzt werden, wobei der Einsatz von Verlängerungsstücke zum Vergrößern der ausgefahrenen Baulänge nicht zulässig ist
- SRZ bzw. RZ werden nach den Baulängen und nach der Art der Antriebspumpe unterschieden.

Die Bezeichnung eines genormten RZ mit einer eingefahrenen Baulänge von 1080 mm und einer ausgefahrenen Baulänge von 1500 mm, jedoch mit E-Motorpumpe (E) lautet:

Rettungszylinder DIN 14 751 - RZ 1080/1500-E

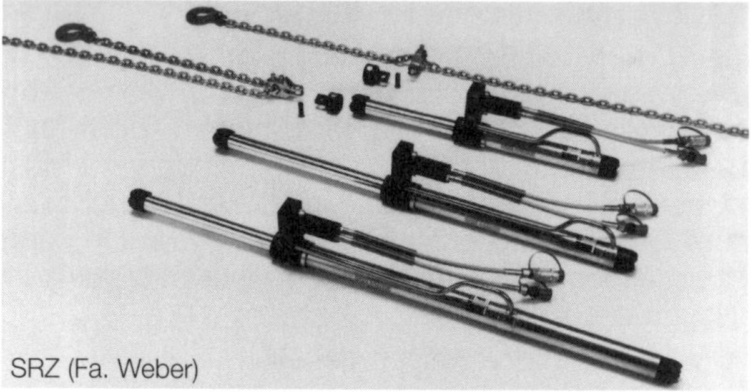
SRZ (Fa. Weber)

Grundaufbau (Weber)

Ein RZ besteht im wesentlichen aus:

- Hydraulikzylinder doppeltwirkend
- Kolbenstange mit aufgesetztem, auswechselbarem Druckstück (DIN-Bez. „Pratze“)
- Steuergriff mit Steuerventil, ausgelegt wie bei Schneidgerät und Spreizer.

Zubehör

- Schweller-Aufsatz (Weber), zum Nachsetzen des RZ
- Ein Satz Ersatzdruckstücke

Sofern RZ das Ziehen gestattet:

- Zwei mind. 1800 mm lange Zugketten mit Verbindungselementen; geeignet zum Kürzen der Kettenlänge
- Zwei Verbindungselemente zur Aufnahme der Ketten

HINWEIS: Die Verbindungselemente sind so ausgelegt, daß sie sowohl am RZ als auch am Spreizer oder Kombi-Gerät genutzt werden können.

Die Rettungszylinder arbeiten nach dem gleichen Wirkungsprinzip wie der Spreizer.

Stufenloses Nachsetzen der RZ

Handhabungs- und Betriebshinweise Drücken

Wo die Öffnungsweite des Spreizers nicht ausreicht, kann mit den Rettungszylindern nacheinander stufenlos die Rettungsöffnung erweitert werden. RZ sind zum Hochdrücken von Fahrzeugdächern oder Lenksäulen, zum Stabilisieren oder Wegdrücken von Fahrzeugbaugruppen einsetzbar. Steht kein kompletter SRZ zur Verfügung oder sind die einzelnen Baulängen nicht einsetzbar, kann, zum Auseinanderdrücken eines Pkw zwischen den Säulen, ein Schwelleraufsatz zum Einsatz kommen. Dieser stellt eine Ergänzung zu den Rettungszylindern dar und bietet insgesamt folgende Vorteile:

- Der Schweller-Aufsatz stabilisiert Schweller und B-Säule, verhindert das Durchbrechen
- Der Schweller kann nicht weggedrückt, der Rettungszylinder sicher angesetzt werden
- Die Abstufungen im Schweller-Aufsatz ermöglichen eine optimale Ausnutzung des Zylinderhubes
- Bei beidseitigem Einsatz kann ein kleiner Rettungszylinder verwendet werden

Anwendung Schwelleraufsatz (Fa. Weber)

Bei Bedarf kann während des Ausfahrens der Kolbenstange das Druckstück einschließlich der Kolbenstange gedreht werden (bei älteren Modellen), um eine bessere Ansetzmöglichkeit zu erreichen.

ACHTUNG!

- Zylinder so zum Spreizgut ansetzen, daß die Last axial aufgenommen wird.
- Während des Einsatzes auf mögliche Verformung der Kolbenstange achten, gegebenenfalls das Gerät neu ansetzen. Bei evtl. bleibender Verformung darf nicht weiter gearbeitet werden.

Heben, Abstützen, Absenken

Beim Heben von Fahrzeugen oder anderen beweglichen Lasten sind diese gegen Wegrollen zu sichern. Bei weichem Untergrund für feste Auflage sorgen. Lasten während des Hubvorganges unterbauen oder anderweitig sichern.

Ziehen oder Absenken mit Zugketten

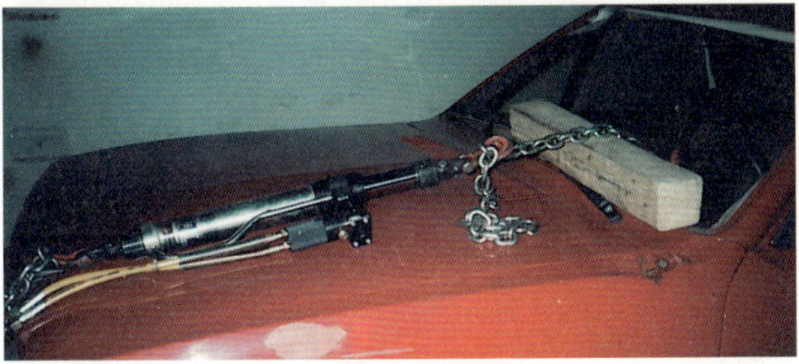

Ziehen einer Lenksäule mit RZ (Fa. Weber)

Bei der Verwendung des RZ mit Zugketten dient eine Kette als Anschlagmittel, die andere Kette als Zugmittel.

Es ist unbedingt darauf zu achten, daß geradlinig gezogen oder abgesenkt wird, da sonst die Kolbenstange des RZ verbogen wird.

Beim Ziehen und Absenken besondere Vorsicht walten lassen, da hier erhöhte Unfallgefahr besteht.

Technische Daten von Rettungszylindern alter- und neuer Bauart der Fa. Weber siehe Anlage Tabelle 4.

9.2. Wartung -Hydraulischer Rettungsgeräte Sichtprüfung

Nach jedem Einsatz, mindestens jedoch einmal jährlich soll ein Sachkundiger die Geräte und Zubehörteile einer Sichtprüfung unterziehen. Dabei sind besonders die Spreizerspitzen, Gelenke, Messer, Zugketten, Ölstand, Schläuche und Kupplungshälften zu beachten.

Alle drei Jahre oder bei Zweifeln an der Sicherheit oder Zuverlässigkeit, ist zusätzlich eine Funktions- und Belastungsprüfung von einem dafür Sachkundigen durchzuführen.

Wartung

- In entsprechenden Zeitabständen die Gelenke, Kolbenstangen und Pumpkolben der Geräte reinigen und einfetten
- Alle Kupplungshälften der Druckschläuche sauber halten
- Auf Leichtgängigkeit des Kupplungsvorganges achten
- Hydraulikschlauchleitungen sind spätestens nach 10 Jahren auszutauschen, wobei auf richge Montage der Vor- und Rücklaufleitung zu achten ist
- Ein Hydraulikölwechsel sollte spätestens nach 3 Jahren vorgenommen werden
- Die Schermesser sind ohne Nachhärtung ca. 2 mm nachschleifbar
- Bei Aggregaten mit V-Motor die speziellen Wartungshinweise des Herstellers beachten

ACHTUNG! Druckbegrenzungsventile dürfen nicht eigenmächtig verstellt werden.

9.3. Einsatzhinweise

9.3.1.Taktischer Einsatzablauf bei Verkehrsunfällen

Nach Eintreffen an der Einsatzstelle sind nach der FwDV 13/1 vom Wassertrupp die sofortigen und mit der Lageerkundung zeitgleich laufenden Sicherungsmaßnahmen gegen den fließenden Verkehr sowie vorsorgliche Brandschutzmaßnahmen durchzuführen. Dazu erteilt der Gruppenführer einen „Vorbefehl". Kann der Gruppenführer die Lage in kurzer Zeit feststellen, um Einsatzmittel, Einsatzziel und Einsatzweg zu bestimmen, erfolgt der **Einsatz ohne Bereitstellung**. Ist eine umfangreiche Lageerkundung zu erwarten, sind Mittel, Ziel und Weg nicht sofort bestimmbar, kann auch bei der technischen Hilfeleistung ein **Einsatz mit Bereitstellung** erfolgen. Maschinist, Melder, Angriffs- und Wassertrupp beginnen, entsprechend ihrer Aufgabenstellung, zu handeln. Der Schlauchtrupp wartet auf den Einsatzbefehl und kann dabei, soweit möglich, den Wassertrupp bei der Sicherung unterstützen. Um Mittel und Weg bei der Befreiung eingeklemmter Personen zu bestimmen, wird hierbei zwischen **leicht -und schwer eingeklemmten Personen** unterschieden.

Verschieben des vorderen Sitzes mittels Spreizer

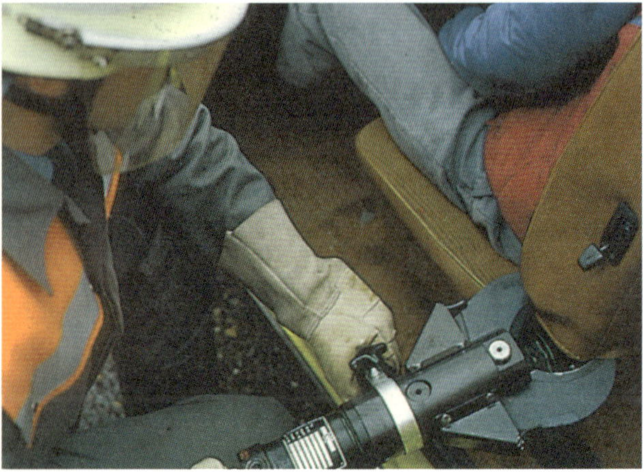

Abtrennen der Sitzlehne

Leicht eingeklemmte Personen lassen sich beispielsweise schon dadurch befreien, daß nach dem Öffnen der Türen unter Verwendung des Spreizers die vorderen Sitze in eine günstige Position gedrückt oder mit dem hydraulischen Schneidgerät Lenkrad, Sitzlehnen sowie die Sitze selbst abgeschnitten werden. Bei schwersteingeklemmten und polytraumatisierten Patienten ist (möglichst in Absprache mit dem Notarzt) zunächst eine Betreuungsöffnung zu schaffen, um sie medizienisch versorgen zu können. Betreuungsöffnungen können durch Heraushebeln, Herausschneiden oder kontrolliertes Zerstören der Fahrzeugscheiben geschaffen werden. Für umfangreiche medizienische Versorgung (patientengerechte Rettung) wird, wenn möglich, die gesamte Dachhaut entfernt.

9.3.2. Vorbereitende Maßnahmen am Unfallfahrzeug

Bevor zur Befreiung eingeklemmter Personen hydraulische Rettungsgeräte zum Einsatz kommen, sollten noch nicht zerstörte Fahrzeugscheiben aus „Einscheiben-Sicherheitsglas" herausgehebelt oder mit einem Federkörner angekörnt werden, anderenfalls besteht die Gefahr, daß diese Scheiben unter Spannung explosionsartig zerplatzen! **HINWEIS:** Bei den meisten Fahrzeugen bestehen die Seitenscheiben aus Einscheiben Sicherheitsglas, während die Front- und Heckscheiben aus Mehrscheiben-Sicherheitsglas gefertigt sind. Um die Glassplitter aus dem Innenraum fernzuhalten, können, wenn der Zeitfaktor dies erlaubt, die Scheiben vorher mit breitem Kreppklebeband streifenweise senkrecht, waagerecht und diagonal abgeklebt werden.

ACHTUNG! Ist das Zündschloß erreichbar, **sofort Zündung ausschalten!**

Als weitere vorbereitende Maßnahme ist das Fahrzeug gegen Wegrollen zu sichern sowie mit Rüsthölzern oder anderen geeigneten Mitteln möglichst unter den A + B Säulen zu unterbauen.

Das Unterbauen des Fahrzeuges bewirkt mehrere Vorteile gleichzeitig:

- Die Federwirkung wird außer Kraft gesetzt, starke Erschütterungen werden weitestgehend vermieden

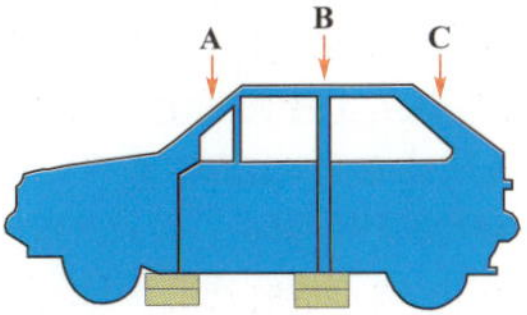

Optimaler Unterbau

- Der Unterbau verhindert ein ungewolltes Zusammenknicken des Fahrzeuges bei der Destabilisierung der Bodengruppe
- Müssen Räder demontiert werden, um in diesem Bereich eine Rettungsöffnung zu schaffen, sind keine weiteren Stabilisierungsmaßnahmen notwendig
- Der Unterbau wirkt sich beim Einsatz von Spreizer und Rettungszylinder als „Widerlager" aus, so daß die hydraulischen Kräfte aufgenommen oder gezielt eingesetzt werden können.

9.3.3. Technischer Einsatzablauf bei Verkehrsunfällen

Konstruktiver Aufbau eines Pkw

Um mit hydraulischen Rettungsgeräten Personen aus verunfallten Fahrzeugen fachgerecht zu befreien sind Kenntnisse zum Grundaufbau eines Pkw erforderlich. Wurden früher Fahrzeuge gefertigt, die aus den zwei Hauptgruppen Chassis (Fahrgestell) und Karosserie bestanden, haben moderne Fahrzeuge eine selbsttragende Karosserie. Die Fahrgastzelle besteht aus einer stabilen Bodenplatte, die mit Front- und Heckteil sowie der Dachhaut durch A, B und C-Säule verbunden ist. Die Provilverstrebungen dieser Konstruktion sind mit Karosserieblech verkleidet. Die drei Säulen sind für das Ansetzen hydraulischer Rettungsgeräte die günstigsten Widerlagerpunkte. Es sollte daher genau überlegt werden, ob es unbedingt notwendig ist, eine Säule zu durchtrennen oder gar ganz herauszuschneiden. Front- und Heckteil sind so konstruiert, daß sie bei Unfällen Aufprallenergie gezielt vor der Fahrgastzelle abbauen.

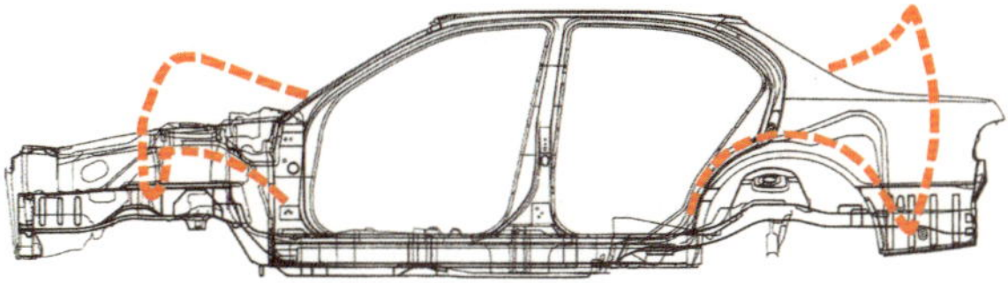

Knautschzonen einer modernen PKW-Karosse

An diesen Stellen werden viele Metallteile bei einem Aufprall kompakt zusammengedrückt. Am günstigsten lassen sich daher Rettungswege über die Seiten und/oder das Dach vortragen. In den Türen moderner Fahrzeuge verstärken massive Profile oder Rohre den Seitenaufprallschutz.

ACHTUNG!
Bei einem schweren Frontal-oder Auffahr-Crash können die Verstrebungen des Seitenaufprallschutzes so in Längsrichtung des Fahrzeuges verschoben werden, daß die Türen regelrecht miteinander „verriegelt“ werden.

Das Aufspreizen einer Tür wird dann erst nach dem Durchtrennen des Seitenaufprallschutzes möglich.

Seitenaufprallschutz aus Rohrprofilen

Zunehmend werden bei modernen Fahrzeugen die Front- und Heckscheiben mit der Karosserie verklebt, um der Fahrgastzelle noch mehr Stabilität zu verleihen. Sie lassen sich beim Rettungseinsatz nicht heraushebeln, bzw. nach Durchtrennen des Dichtgummies herausnehmen. Hier müssen bei Notwendigkeit entsprechende Hilfsgeräte (Glasmaster, Diamantwinkelschleifer, Glasschneider, Blechaufreißer) eingesetzt werden.

Technische Maßnahmen

Bei Frontalzusammenstößen oder Kollisionen mit festen Körpern sind verunfallte Personen im Fuß-/Beinraum meist so schwer eingklemmt, daß stets von einer mehrfach lebensbedrohlichen Lage auszugehen ist. In diesem Fall wird Freiraum für eine umfangreiche medizinische Betreuung benötigt, die durch eine Dachentfernung erreicht werden kann. Dies ist mit dem Schneidgerät sehr schnell durchführbar. Beidseitig werden die A-Säulen im unteren Bereich der Frontscheibe, die B-Säulen oberhalb der Sicherheitsgurtbefestigungen getrennt. Für großen Freiraum wird die Dachhaut beidseitig unmittelbar vor den C-Säulen eingeschnitten, nach hinten geklappt und gesichert. Soll das Dach total entfernt werden, können die meist breiteren C-Säu-

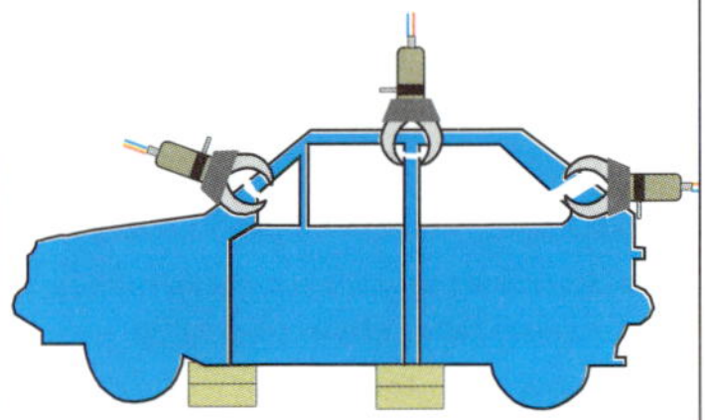

Schnittpunkte zur Dachentfernung

len zunächst mit dem Spreizer soweit gequetscht werden, daß sie mit dem Schneidgerät getrennt werden können. Wird nur für den vorderen Bereich des Fahrzeuges Handlungsfreiraum benötigt, wird die Dachhaut kurz vor den B-Säulen eingeschnitten, nach hinten geklappt und durch Festbinden gesichert.

HINWEIS: Bleiben die B-Säulen mit einem Teil der Dachhaut verbunden, behalten sie höhere Stabilität und können für weitere Arbeitsgänge als Widerlager besser genutzt werden.

Lassen sich nach einem Verkehrsunfall Fahrzeugtüren nicht mit einfachen Mitteln öffnen, kann hierzu ein Spreizer zur Anwendung kommen. Je nach Situation ist zu entscheiden, ob der Spreizer zuerst an der Schloß -oder Scharnierseite einer Tür anzusetzen ist. Um hierfür einen „Angriffsspalt" herzustellen, kann mit herkömmlichen Brechwerkzeugen oder mit dem Spreizer selbst vorgegangen werden. Der

Aufbördeln einer Türkante

einzelne Schenkel eines aufgefahrenen Spreizers kann als Brechwerkzeug genutzt,- mit beiden Spreizerarmen eine Türkante „gequetscht“ und aufgebördelt werden. Eine weitere Möglichkeit Angriffspunkte zu schaffen, zeigt die folgende Abbildung.

Hierbei sollte der obere Spreizerarm möglichst unter der Dachhaut angesetzt werden. Mit dieser Variante können oftmals an der Schloß -und Scharnierseite gleichzeitig Angriffspunkte geschaffen werden.

ACHTUNG! Hierbei ist besonders die Abrutschgefahr zu beachten.

Um eine Tür zu öffnen, bzw. herauszuspreizen, werden die Spreizerspitzen durch kurzwegige Spreizungen soweit in den Spalt hineingearbeitet, bis ein Spreizerarm die jeweilige Karosseriesäule voll als Widerlager erfaßt. Erst dann sollte die notwendige Kraft des Spreizers auf den Angriffspunkt gelenkt werden. Der Spreizer muß in einem Winkel angesetzt werden, der das Hineindrücken der Tür in den Fahrzeuginnenraum ausschließt.

ACHTUNG! Die Spreizerschenkel „flächig“ ansetzen und nicht verkannten, da die Kannten der Spreizerarme ein ungewolltes Durchtrennen der Karosseriesäule hervorrufen können! Beim Aufspreizen einer Tür ist das Ansetzen mittig, zwischen beiden Scharnieren nur dann sinnvoll, wenn diese nicht zu stark dimensioniert sind. Wird das untere Scharnier zuletzt „gesprengt“, sollte der Spreizer unterhalb des Scharnieres angesetzt werden, um die Tür nicht gegen den Erdboden zu hebeln, und unnötig starke Fahrzeugbewehgungen zu vermeiden.

Die Tür kann mit starker Wucht abspringen, deshalb möglichst mit Bindestrick halten, bzw. sichern.

Die „Methode“ der eigentlichen Befreiung schwer eingeklemmter Personen ist grundsätzlich von der vorgefundenen Situation abhängig. Bei jeder neuen Unfallage, wie auch im Verlauf der Rettungsaktion, müssen immer wieder neue „Methoden“ gesucht, bzw. erdacht werden, um einen Patienten schnell, sicher und am schonungsvollsten zu befreien.

Scharnierseitiges Aufspreizen einer PKW-Tür

Bestimmte Vorgehensweisen sind aber auf häufig vorzufindende Situationen immer wieder anwendbar. Es sollen an dieser Stelle jedoch nur wenige Beispiele aufgezeigt werden, da das praktische Üben unter Anleitung erfahrener Ausbilder für diesen Bereich die optimalste Wissensvermittlung darstellt.

Ist eine Person im Bereich des Oberkörpers schwer eingeklemmt, lassen sich in der Regel die entsprechenden Karosserieteile mit Schneidgerät und Spreizer ohne größere Komplikationen beseitigen. Für diese Situation wird oftmals das „Ziehen einer Lenksäule“ demonstriert. Diese Methode ist zur Schaffung von Freiraum nur dann anwendbar, wenn die verunfallte Person nicht an der Lenkung selbst eingeklemmt ist und keine unmittelbare Gefahr durch abreißende Teile besteht. Wird nach Beseitigung der Frontscheibe ein Kettenende direkt am Lenkrad befestigt, kann es mittels Spreizer oder Rettungszylinder aus dem Fahrzeuginnenraum herausgezogen werden. Wird das Kettenende unmittelbar an der Lenksäule befestigt, kann auch hier durch Ziehen Freiraum im oberen Beinbereich geschaffen werden. Jedoch sind zuvor die beiden A-Säulen zu durchtrennen und Entlastungsschnitte an der Verbindung A-Säule-Schweller zu führen.

ACHTUNG! Ziehen der Lenksäule nur über kleine Zugwege. Sonst besteht die Gefahr des Aus- oder Abreißens der Lenksäule und anderer Fahrzeug- und Karosserieteile. Auf sichere Befestigung beider Kettenenden an den Angriffspunkten achten.

HINWEIS: Um die Spreizerarme nicht zu deformieren sollte der Spreizer beim Zugvorgang senkrecht gestellt werden. Wird mit einem Rettungszylinder gezogen, sind die Ketten in achsialer Richtung zu befestigen bzw. zu unterbauen, um die Kolbenstange nicht zu verbiegen.

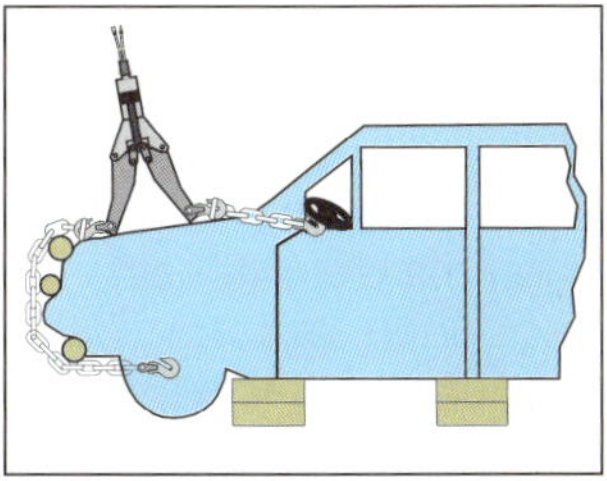

Ist eine verunfallte Person im Fuß-Beinraum schwerst eingeklemmt, besteht die Möglichkeit, das Armaturenbrett mit Hilfe von Rettungszylindern nach vorn und oben weg zu drücken.

Für diese Methode sind sichernde und unterstützende Arbeitsgänge notwendig.

Es werden als erstes die Rettungszylinder, wie in der Abb. dargestellt, diagonal zwischen A -und B-Säule eingesetzt und soweit ausgefahren, daß bereits

Entlastungsschnitt (Pfeil) zwischen A-Säule und Schweller

leichter Druck ausgeübt wird. Ist noch keine Dachentfernung erfolgt, werden möglichst beide A-Säulen mit der Rettungsschere dicht über dem Armaturenbrett durchtrennt und Entlastungsschnitte an den Verbindungsstellen zwischen der A-Säule und dem Schweller, möglichst auf beiden Seiten des Fahrzeuges, ausgeführt. Diese Entlastungsschnitte destabilisieren die Karosse, und der bzw. die angesetzten Rettungszylinder verhindern dabei ein ungewolltes Zusammenknicken der Bodengruppe. Hiernach kann mit dem Auseinanderdrücken der Baugruppen begonnen werden. Bei dieser Variante erklärt sich wiederum die Notwendigkeit eines stabilen Unterbaus.

HINWEIS: Wird das Fahrzeug an der „Knickstelle" mit einem Hebekissen angehoben, kann ein gleicher Effekt erzielt werden.

ACHTUNG! Beim Einsatz hydraulischer Rettungsgeräte niemals mehr als nötig spreizen, drücken, ziehen oder heben. Lange Arbeitswege sind stets mit der Gefahr ungewollten Abreißens des Spreizgutes und Abrutschen der Geräte verbunden.

Eine weitere Möglichkeit zur Rettung schwerst eingeklemmter Personen stellt das seitliche Öffnen des Beinraumes dar.

Nach dem Herausspreizen der Fahrzeugtür wird der Kotflügel zwischen dem Radkasten und der A-Säule weggespreizt. Die A-Säule wird unterhalb des Armaturenbrettes sowie am Übergang zum Schweller mit zwei waagerechten Schnitten durchtrennt. Das abgetrennte A-Säulenteil wird mit dem Spreizer gequetscht und nach außen gebogen. Die Trennschnitte können nun mit dem Schneidgerät verlängert werden. Mit dem Spreizer kann die Seitenwand um die jeweilige Schnittlänge herausgehebelt werden.

Der Beinraum wird damit einsehbar, das Rettungsteam kann entscheiden, ob ein weiteres Hochdrücken des Vorderwagens mittels Spreizer oder Rettungszylinder für den Patienten gefahrlos möglich ist.

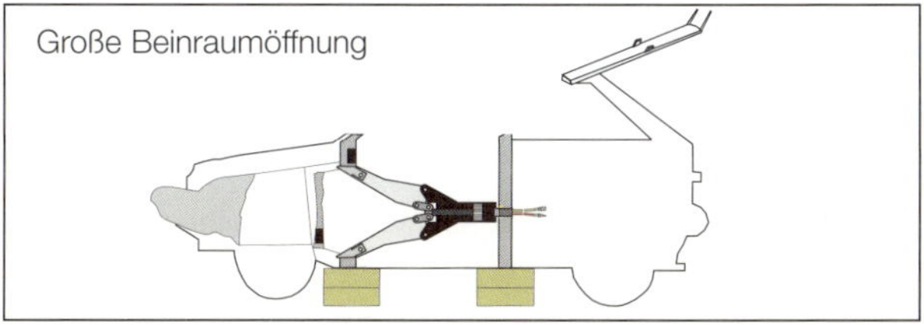

Es ist empfehlenswert, die hier genannten „Grundvarianten“ an Schrottfahrzeugen zu trainieren, um sicheres Umgehen mit den Geräten zu erreichen.

9.3.4. Fahrer- und Beifahrer-Airbag

Der Airbag (Luftsack) schützt den Oberkörper und Kopf des Fahrers bzw. Beifahrers bei einem mittleren bis schweren Frontalaufprall durch Aufblasen des Airbags.

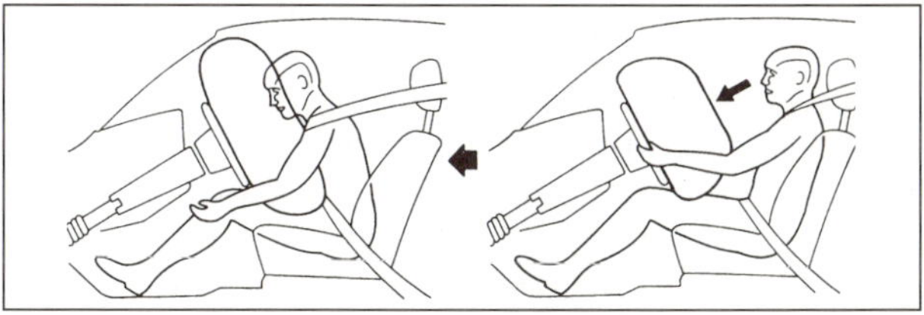

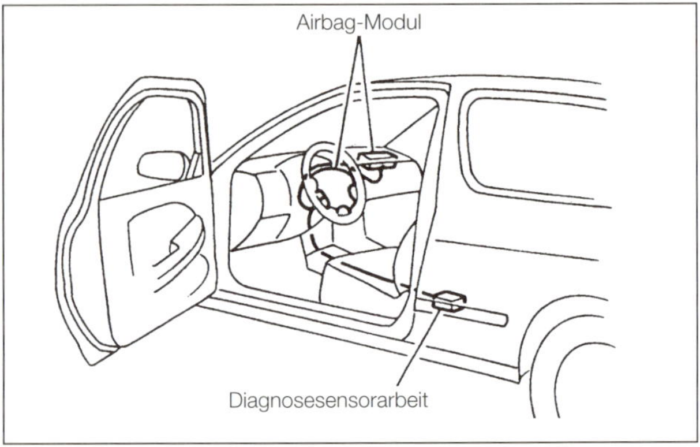

ACHTUNG! Bei einem Heck- bzw. Seitenaufprall oder bei einem Überschlag des Fahrzeugs wird der Airbag in der Regel nicht ausgelöst!

Airbag ist ein System, das aus dem Airbagmodul im Lenkrad, bzw. im Bereich des Handschuhfaches, einer Diagnoseeinheit und der Aufprallsensortechnik besteht. Je nach Hersteller befinden sich Kennzeichnungen wie **SRS, AIRBAG** oder **SRS-AIRBAG:** (SRS - Supplemantary-Restraint-System/Sicherheits-Rückhalte-System), auf den Abdeckungen der Airbagmodule. Diese Kennzeichnungen können auch an den Fahrzeugscheiben oder Türholmen (B-Säule) angebracht sein (einige US-amerikanische Modelle haben keine Kennzeichnung, die auf vorhandene Airbags hinweisen). Unter normalen Umständen kann ein Airbagsystem nur bei eingeschalteter Zündung aktiviert werden. Empfängt das Airbag-System ab einer genau festgelegten Schwere des Frontalaufpralls ein Signal vom Aufprallsensor, wird das System ausgelöst. Dabei füllt sich nach einem relativ lauten **Zündknall** (160-180 dB) der Airbag mit Treibgas und zerreißt dabei die Sollbruchstelle.

HINWEIS: Beim Aktivieren des Airbags entwickelt sich Rauch durch Treibgas. Dieser Rauch ist nicht gesundheitsschädlich und deutet auch nicht auf einen Fahrzeugbrand hin.

Der aufgeblasene Airbag fängt die Vorwärtsbewegung der Insassen ab. Durch spezielle Öffnungen entweicht das Treibgas wieder. Der gesamte Ablauf vollzieht sich im Bruchteil einer Sekunde (etwa 0,03 Sek.).

Ein ausgelöster Airbag ist sofort erkennbar und hat für den Verlauf eines Rettungseinsatzes für Insassen und Einsatzkräfte keine Bedeutung mehr.

Hat jedoch ein Airbag nicht ausgelöst, ist die Möglichkeit einer unbeabsichtigten Auslösung bei den Rettungsarbeiten nicht auszuschließen. Befindet sich eine Einsatzkraft im Nahbereich eines auslösenden Airbags, kann der Aufprall zu schweren Verletzungen führen. Aus Sicherheitsgründen sind folgende wichtige Grundsätze zu beachten:

- Keinesfalls versuchen Airbag auszubauen, ein Deaktivieren ist nicht möglich!
- Es ist immer davon auszugehen, daß Fahrer- und Beifahrer-Airbag eingebaut sind
- Zugang verschaffen und **Zündung ausschalten** Bei elektrisch betriebenen Airbag-Systemen kann in Kondensatoren noch 15 bis 20 Minuten eine Restspannung vorhanden sein!

- Möglichst beide Batteriekabel abklemmen
- Erschütterungen im Bereich der Lenksäule mit Rettungsgeräten möglichst vermeiden, ist dies unumgänglich, nicht mit Kopf oder Oberkörper im Entfaltungsbereich des Airbags aufhalten; möglichst den Oberkörper eingeklemmter Personen aus diesen Bereich herausbewegen
- Keine Gegenstände auf die Abdeckungen der Module ablegen
- Im Falle eines Brandes ist sofort die Brandbekämpfung durchzuführen; Explosion der Treibgaspatrone unmöglich, Auslösen Airbag bei Erreichen der Oberflächentemperatur an der Treibgaspatrone von über 160°C mit dem Zündknall.

9.4. Unfallverhütung

UVV Feuerwehren §24 Hydraulisch betätigte Rettungsgeräte:

(1) Bei der Verwendung hydraulisch betätigter Rettungsgeräte ist durch geeignete Maßnahmen darauf zu achten, daß Feuerwehrangehörige durch freigesetzte oder auf andere Gegenstände übertragende Energien nicht verletzt werden.

(2) Beim Arbeiten mit hydraulischen Rettungsgeräten müssen Feuerwehrangehörige einen Gesichtsschutz tragen.

Durchführungsanweisung zu §24 Abs.1:

Diese Forderung ist erfüllt, wenn:

- mit dem Rettungsgerät so gearbeitet wird, daß Verletzungen durch das Wegschnellen unter Materialspannung stehender Teile vermieden werden,

- bei Übungen keine Schneidversuche an zu starken Materialien durchgeführt werden,
- Schneidgeräte am zu schneidenden Teil möglichst rechtwinklig angesetzt werden,
- nicht eingesetzte Feuerwehrangehörige sich während des Arbeitsvorganges in sichere Entfernung aufhalten.

NOTIZEN

10. Trennen von Werkstoffen

10.1. Motorsägen

Die Einmann-Motorsäge dient zum Schneiden starker Hölzer, zum Fällen und Ablängen von Bäumen, zum Trennen von Holzkonstruktionen, zur Schaffung von Öffnungen in Wänden, Decken und Fußböden als Flucht- und Angriffsweg sowie zur Entrauchung. Das Aufsägen einer Eisdecke ist ebenso möglich.

10.1.1. Gerätekunde und Betriebshinweise

Die Motorkettensäge besteht im wesentlichen aus:

- Motor
- Reversierstarter
- Handhaben und Sicherheitseinrichtungen
- Sägevorrichtung

Motor - technische Angaben

Für Motorkettensägen werden liegend oder stehend eingebaute Zweitakt-Einzylindermotoren verwendet.

Die Leistung der für die Feuerwehr gebräuchlichsten Sägen beträgt 1-6 kW (1,3 bis 9 PS), bei 21 - 120 cm^3 Hubraum. Die Kühlung erfolgt mittels Gebläseluftstrohm auf die kühlrippenbesetzte Motoroberfläche.

Ausgestattet mit elektronischer Magnetzündung arbeiten die Sägen in einem Drehzahlbereich von 8000 bis 14000 U/min. Membranvergaser versorgen den Motor, bei entsprechender Grundeinstellung, in jeder beliebigen Arbeitslage mit der jeweils notwendigen Kraftstoffluftgemischmenge. Hierzu ist der Membranvergaser mit einer Förderpumpe versehen, die mit dem Kurbelgehäuse in Verbindung steht, so daß die unterschiedlichen Druckverhältnisse zur Kraftstofförderung genutzt werden können.

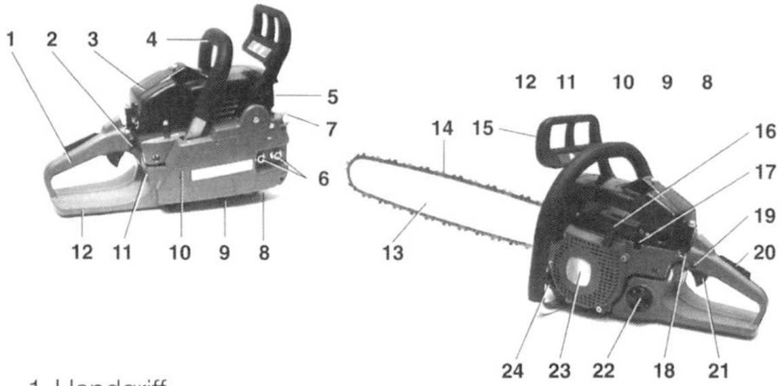

1 Handgriff
2 Choke
3 Filterdeckel
4 Bügelgriff
5 Schalldämpfer
6 Befestigungsmuttern
7 Zackenleiste
8 Kettenfänger
9 Einstellschraube für Öl-pumpe (Unterseite)
10 Kettenradschutz
11 Typenschild
12 Handschutz
13 Sägeschiene
14 Sägekette
15 Handschutz (Auslöser für Kettenbremse)
16 Anwerfgriff
17 Einstellschrauben „S-L-H"für Vergaser
18 I/STOP-Schalter
19 Arretier-Knopf für Halbgas
20 Sicherheits-Sperrtaste
21 Gashebel
22 Kraftstoff-Tankverschluß
23 Ventilatorgehäuse mit Anwerfvorrichtung
24 Öltankverschluß

Dem Vergaser sind im Ansaugstutzen Luftfilterkombinationen vorgeschaltet, über die der Motor saubere und relativ trockene Luft ansaugt. Durch den Vorfilter werden grobe Schmutzteile abgehalten. Die Einhaltung der empfohlenen Reinigungsintervalle gewährleistet, daß dem Vergaser genügend saubere Luft zugeführt wird.

Das Fassungsvermögen eines Kraftstoffbehälters beträgt je nach Größe 0,4 - 1,25 l und ist mindestens für eine Betriebsstunde ausreichend. Im Tank befindet sich ein beweglicher Saugkopf, der sich beim Drehen der Motorsäge immer an der tiefsten Stelle befindet, wodurch in jeder Lage die Kraftstofförderung gewährleistet ist.

Das Kraftstoff-Öl-Mischungsverhältnis beträgt bei der Verwendung von Hochleistungs-Zweitaktölen 50 : 1 .

Einsetzbar sind auch Elektrokettensägen, die besonders für Arbeiten im Rettungskorb einer Drehleiter oder in geschlossenen Räumen geeignet sind.

Reversierstarter

Bei dieser Anwerfvorrichtung wird mittels Seil eine durch Federkraft vorgespannte Trommel gedreht, so daß deren Mitnehmer an der Kurbelwelle einrasten und diese drehen. Das Seil wird von der Trommel durch die Vorspannung wieder aufgewickelt.

Handhaben

Handhaben sind der Tragerohrbügel und der Steuergriff. Der Tragerohrbügel ist so konstruiert, daß mit ihm senkrechte, waagerechte und schräge Schnitte fixiert werden können. Der Steuergriff dient zum Ausrichten der Säge und zur Regulierung der Vorschubgeschwindigkeit. Am Steuergriff sind die Betätigungshebel angebracht.

Sicherheitseinrichtungen

- **Kettenschutz:** muß beim Transport der MKS über eine größere Distanz aufgesetzt werden
- **Kettenfangstück:** verhindert das Zurückschlagen einer abgesprungenen oder gerissenen Sägekette
- **Handschutz für beide Hände:** schützt den Sägenführer vor Verletzungen durch wegschleudernde Holzteile
- **Kettenbremse:** soll die Sägenkette bei einem Rückschlag, der durch unachtsames Anstoßen mit der Schienenspitze an das Holz erfolgen kann, in 0,2 Sek. zum Stillstand bringen; die Kettenbremse wird durch Berührung des Handrückens mit dem Handschutz festgesetzt; durch Heranziehen des Handschutzes an das Griffrohr wird die Kettenbremse wieder gelöst

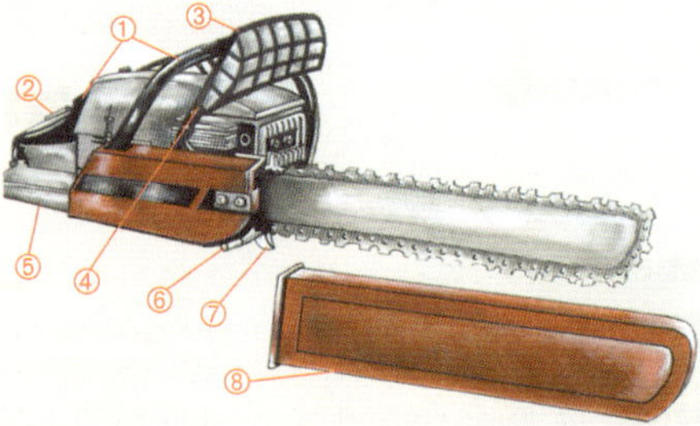

1 Vibrationsgedämpfte Griffe
2 Gashebelsperre
3 Vorderer Handschutz
4 Kettenbremse
5 Hinterer Handschutz
6 Kettenfangbolzen
7 Krallenanschlag
8 Transportsicherung

- **Gashebelsperre:** dient zur Arretierung des Gashebels in der Startstellung
- **Massekontakt, der ohne Umzugreifen erreichbar ist:** dient zum Abstellen des Motors und sollte nach dem Abstellen wieder in „Startstellung“ gebracht werden.

Sägevorrichtung

Die Kraftübertragung vom Motor zur Sägevorrichtung erfolgt über eine Fliehkraftkupplung, die den Kraftschluß bei ca. 2500 bis 2800 U/min. herstellt. Die Sägekette wird über das Kettenantriebsrad, das mit der Kupplungstrommel verbunden ist, angetrieben.

ACHTUNG! Eine festgeklemmte Sägevorrichtung nicht durch Gasgeben freimachen.

Die Sägekette umläuft die Führungsschiene. Dazu ist die Sägekette mit Treibgliedern versehen, die in der Führungsnut der Schiene entlanggleiten, vom Kettenantriebsrad erfaßt und weiter bewegt werden. Zum Spannen der Sägekette ist die Schiene mit Langloch und Spannlöschern versehen. Da die Sägevorrichtung sehr hohem Verschleiß unterliegt, ist die Säge mit einer Kettenschmiervorrichtung versehen. Mittels einer Ölpumpe wird biologisch abbaubares Kettenöl der Führungsnut der Schiene zugeführt. Der Inhalt des Ölbehälters ist ausreichend für eine Betriebsstunde, jedoch muß die Schmierung ständig kontrolliert werden.

Die Sägen sind hauptsächlich mit Hobelzahnketten ausgerüstet, die nach dem Keilprinzip arbeiten und eine hohe Schnittleistung bei geringem Vorschub aufweisen. Eine Hobelzahnkette besteht aus linken und rechten Hobelzähnen, Treib- und Verbindungsgliedern, die mit Nieten verbunden sind. Wird beim Sägen kein entsprechend kräftiger Span mehr ausgeworfen, muß die Sägekette geschärft werden. Das Schärfen kann von Hand mit einer zylindrischen Rundfeile, deren Durchmesser der Kettenteilung entsprechen muß, aber auch von einer speziellen Schärfmaschine durchgeführt werden. Beim Schärfen einer Sägekette sind mit Hilfe von Feilwinkellehre und Tiefenbegrenzerlehre die jeweiligen Feilwinkel genau einzuhalten.

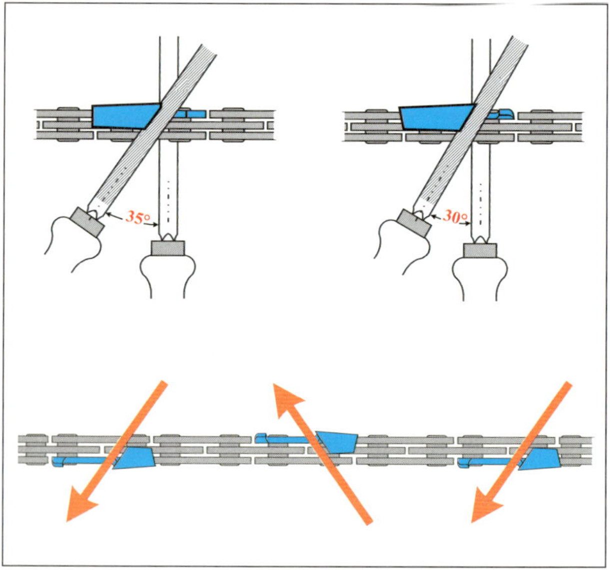

HINWEISE für das Schärfen von Hobelzahnketten mit einer Rundfeile:

- Die Schärfwinkel und Längen der Schneidezähne müssen bei **allen** Schneidezähnen gleich sein
- Bei den einzelnen Kettentypen ist der Schärfwinkel unterschiedlich und wird zudem von der Art der Anwendung bestimmt
- Der „Standard"-Schärfwinkel beträgt 35°
- Bei überwiegendem Einsatz einer Sägekette in Hartholz oder gefrorenem Holz ist ein Schärfwinkel von 30° zu empfehlen
- Extreme Schärfwinkel, größer als 35° und kleiner als 30° sind zu vermeiden
- Die Schneide nur von innen nach außen im Vorwärtsstrich feilen

10.1.2. Arbeitstechnik mit der Motorkettensäge (MKS)

Die Schneidetechnik mit MKS unterscheidet sich gegenüber der Schneidetechnik mit der Handsäge unter anderem dadurch, daß auf das Sägewerk der MKS ein nur geringer oder kein Druck ausgeübt werden darf. Um ein Verkanten der Kette in der Führungsnut der Schiene und damit ein Verlaufen der MKS im Holz zu vermeiden, ist ein gutes Führen bei jeder Schnittrichtung notwendig.

Es kann mit **einlaufender Kette** (häufigste Arbeitsmethode) oder mit **auslaufender Kette** geschnitten werden.

Bei der Schnittführung kann der **frei geführte Schnitt,** hauptsächlich beim Fällen, Einschneiden und Entasten ausgeführt werden. Der Sägenführer hält dabei die MKS frei in den Händen oder stützt sie am Körper ab, die Säge trennt das Holz, ohne das ein anderes Bauteil der MKS das Holz berührt. Die MKS ist mit einer Zackenleiste, auch als Baumanschlag bezeichnet, ausgestattet, mit dem sie bei einem **Fächerschnitt** am Holz fixiert werden kann.

Schneiden

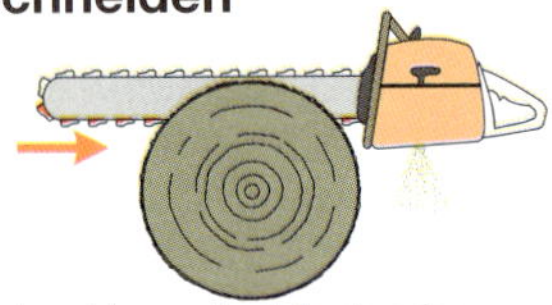

Schneiden mit einlaufender Kette

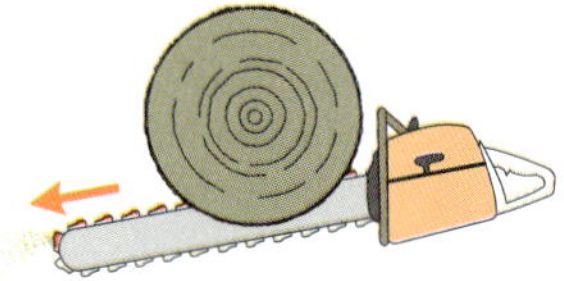

Schneiden mit auslaufender Kette

Schnittführung

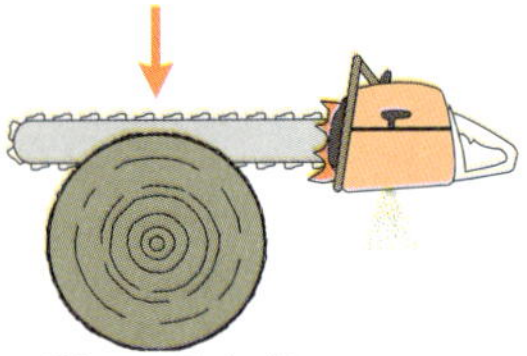

freigeführter Schnitt

abgestützter Schnitt

Schnittarten

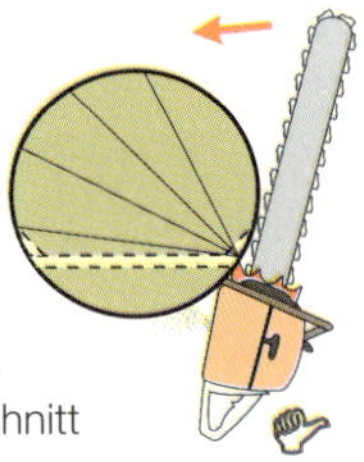

einfacher Fächerschnitt

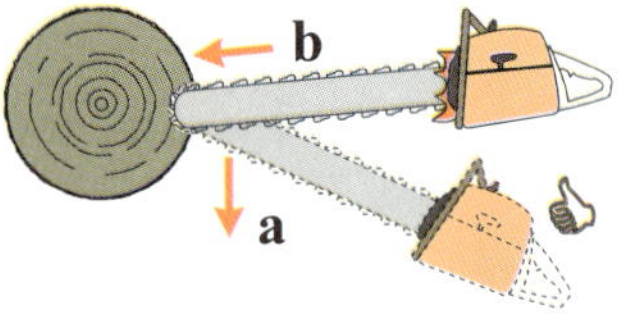

Ansatz zum Stechschnitt

Dieser Schnitt wird bei horizontalen und vertikalen Schnitten angewendet. Die MKS schwenkt dabei um die Zacken des Baumanschlages ,wobei die Schienenspitze einen Kreisbogen beschreibt. Eine besondere Form der Schnittführung ist der **Stechschnitt.** Hierbei ist die Vorschubrichtung die Längsachse der MKS. Der Schnitt wird angewendet, wenn bestimmte Spannungszonen im Holz vorhanden sind.

Bei allen Trennschnitten, ob mit ein- oder auslaufender Kette ausgeführt, sind Spannungszonen zu beachten.

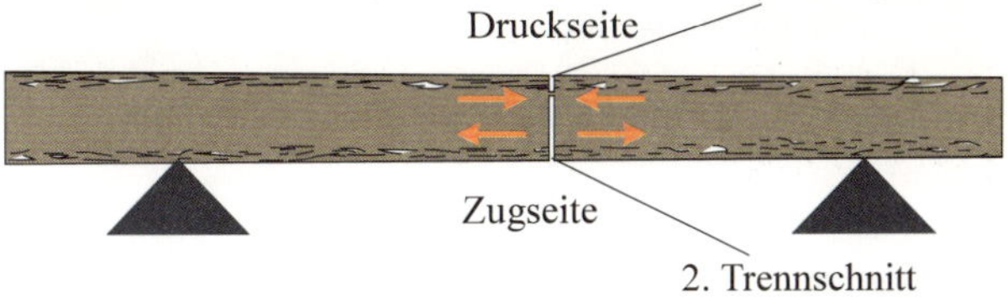

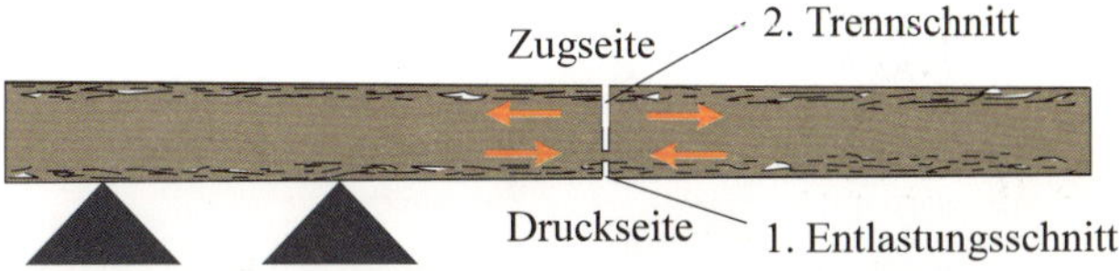

10.1.3. Pflege und Wartung nach jedem Einsatz:

- Betankung
- Kettenschmieröl auffüllen
- Umlenkrolle an der Schienenspitze schmieren
- Luftfilter reinigen

- Sägekette prüfen, wenn nötig nachschärfen oder auswechseln
- Führungsschiene prüfen auf: Gratbildung, Verschleiß, Beschädigung; Hinweis: damit sich die Schiene gleichmäßig abnutzt, sollte sie bei jeder Montage achsial gedreht werden
- Reinigung der gesamten Säge - Sichtkontrolle
- Funktion der Kettenbremse und Massekontakt überprüfen.

10.1.4. Unfallverhütung

ACHTUNG! Der Einsatz von Motorsägen ist eine besonders gefährliche Arbeit.

VORAUSSETZUNGEN zur sicheren Nutzung der MKS:

- Ausführliche Einweisung und Beachtung der Betriebsanleitung
- Entsprechende praktische Übung unter Anleitung Fachkundiger
- Jährliche Belehrung
- Komplette Schutzkleidung und Ausrüstung tragen:
  - Feuerwehrhelm mit Nackenleder oder Waldarbeiterschutzhelm
  - Schutzhandschuhe
  - Gesichtsschutz
  - zur Einsatzbekleidung zusätzlich Schnittschutzbekleidung
  - Sicherheitsschuhwerk.

HINWEISE zur sicheren Nutzung der MKS:

- Motorsägen beim Anwerfen auf den Boden sicher abstützen und festhalten; **Nicht aus der Hand anwerfen!** Die Kette darf keine Hindernisse erfassen
- Vor und während des Einsatzes bei stillstehendem Motor die Kettenspannung kontrollieren; die Kette ist richtig gespannt, wenn sie von Hand noch leicht über die Schiene gezogen werden kann
- Muß die Kette gewechselt werden, ist beim Auflegen einer neuen Kette die richtige Laufrichtung zu beachten.
- Nicht über Schulterhöhe und auch nicht mit einer Hand sägen
- Auf sicheren Stand und freies Umfeld im Schwenkbereich der Säge achten, wenn notwendig, ist der Arbeitsplatz abzusperren
- Das Arbeiten mit der MKS von Ästen oder Leitern aus ist verboten!
- Beim Sägen in geschlossenen Räumen für die Ableitung der Abgase achten
- Beim Schneiden von Bauholz auf Vernagelungen und andere metallene Gegenstände achten
- Bei Nichtbenutzung sind alle scharfen Teile mit einem Schutz zu versehen
- Rückwärtsgehen mit MKS ist nur beim Zurücktreten vom fallenden Baum in die Rückweiche gestattet
- Beim Tragen der MKS mit laufendem Sägemotor

wird die MKS bei eingelegter Kettenbremse mit beiden Händen vor dem Körper getragen.

Einschränkungen beim Arbeiten vom Rettungskorb einer Drehleiter:

- Im Korb darf sich nur der Sägenführer aufhalten
- Das Gewicht der MKS darf max. 6,5 kg, die Schienenlänge max. 400 mm betragen
- Die MKS wird am Erdboden gestartet und mit aktivierter Kettenbremse mittels Leine in den Korb gezogen

Für spezielle Fällarbeiten sind die Bestimmungen der GUV 1.13 Forsten zu beachten!

10.2. Trennschleifer

Trennschleifer werden zur technischen Hilfeleistung bei Unfällen zum Trennen von Metallen, Kunststoffen oder Steingut eingesetzt.

10.2.1. Gerätekunde und Betriebshinweise

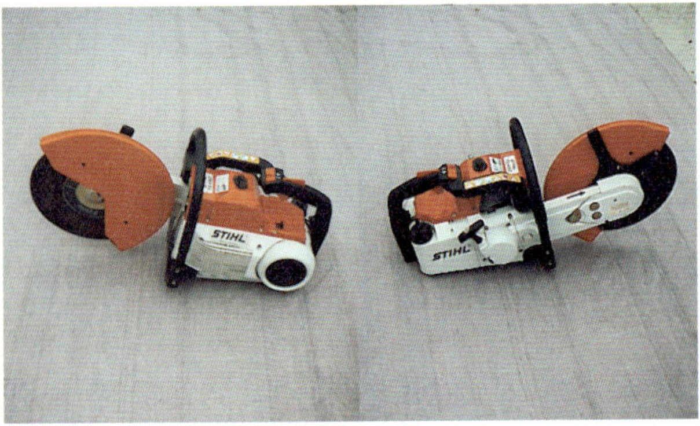

Der Trennschleifer besteht im wesentlichen aus:

- Motor
- Reversierstarter
- Handhaben und Sicherheitseinrichtungen
- Trennsatzträger mit Riemenantrieb, Trennscheibe und Splitterschutz.

Motor - technische Angaben

Für Trennschleifgeräte werden Einzylinder - Zweitaktmotoren mit lageunempfindlichem Membranvergaser, integrierter Kraftstoffpumpe und elektronischer Magnetzündung verwendet. Die Leistung der für die Feuerwehr gebräuchlichsten Trennschleifer beträgt 2,5 bis 4,8 kW (3,3 bis 6,5 PS); Hubraum bis 111cm^3.

Die Kühlung erfolgt mittels Gebläseluftstrohm auf die kühlrippenbesetzte Motoroberfläche. Die Trennschleifer erreichen eine Spindeldrehzahl von ca. 5000 bis 10000 U/min. Entsprechend der starken Staubentwicklung beim Schleifvorgang sind die Geräte mit einem Luftfiltersystem ausgestattet. Eine Tankfüllung beträgt in der Regel 1 Liter. Die Kraftübertragung vom Motor zum Antriebsrad erfolgt über eine Fliehkraftkupplung, die in einem bestimmten Drehzahlbereich anspricht. Der Antrieb der Trennschleifscheibe, die auf einer Welle im Trennsatzträger befestigt ist, erfolgt durch einen Keilriemen.

Trennsatzträger

Im Trennsatzträger ist die Spannvorrichtung des Keilriemen untergebracht. Das Spannen erfolgt in der Regel über eingebaute Zugfedern, die nach dem Lösen der Schraubverbindung des Trennarmes den Keilriemen automatisch spannen. Die Keilriemenspannung ist sowohl bei der ersten Inbetriebnahme als auch nach dem Auswechseln des Keilriemens nach etwa 1 Betriebsstunde zu überprüfen. Man kann den Trennarm um 180° drehen, so daß die Trennscheibe an der entgegengesetzten Seite des Arms zu liegen kommt. Dadurch werden Trenn- und Schneidarbeiten an senkrechten Hindernissen erleichtert. Der Splitterschutz muß so eingestellt werden, daß das untere Teil des Schutzes in nächster Nähe des Werkstückes liegt und somit den Funkenstrahl auffängt, um ihn vom Bediener abzuleiten.

Umgang mit Trennschleifscheiben

Trennscheiben werden im wesentlichen mit der folgenden Anwendungskennzeichnung verwendet:

- **Stahl**-auch geeignet für: Kupfer, Messing, Grauguß, Zink, Elektron, Magnesium, Bronze, Kunststoffe
- **Stein**- auch geeignet für: Tonrohre, Zementrohre, Ziegel, Sandstein, Kalkstein, Bimsstein, Beton, Kunststein

ACHTUNG! Aus Sicherheitsgründen kein Kreissägeblatt verwenden.

Der max. Durchmesser der Scheiben beträgt 300 mm, die Breite 3 mm und 6 mm, es kann hierbei eine Schnittiefe von 100 mm erreicht werden.

Die zulässige Höchsdrehzahl der Trennschleifscheibe muß höher oder gleich hoch wie die Spindeldrehzahl des Trennschleifgerätes sein. Kunstharzgebundene

Trennschleifscheiben sind hitzeempfindlich, keiner länger andauernden Sonnen- oder anderer Wärmebestrahlung aussetzen. Gerissene oder verbogene Trennscheiben müssen sofort ausgewechselt werden, sie können brechen oder splittern. Wird eine Trennscheibe zum Naßtrennen eingesetzt, muß sie am selben Tag aufgebraucht werden, sie darf danach nicht wieder verwendet werden. Bei Naßtrennung soll das Berieseln gleichmäßig von beiden Seiten bei laufender Scheibe erfolgen.

Trennschleifscheiben sind zum Schruppen ungeeignet, da sie bei diesen Arbeiten großen Biegebeanspruchungen ausgesetzt wären. Hierzu eignen sich **Winkelschleifer**. Diese Trennschleifer mit Elektromotor haben eine Leistungsaufnahme von 1800 bis 2200 W und werden mit Schrupp- und Trennscheiben bis 230 mm Ø versehen.

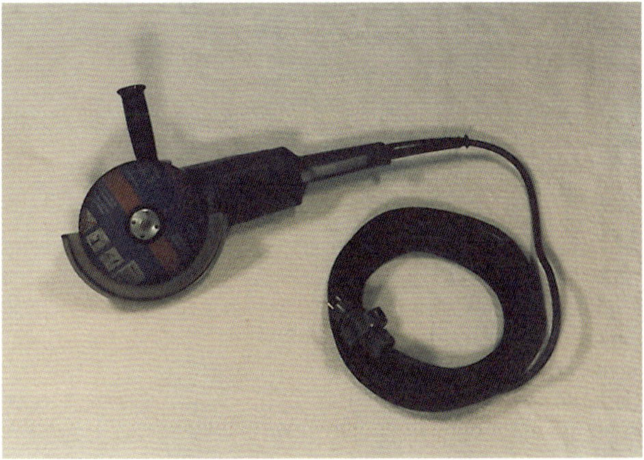

10.2.2. Arbeitstechniken

Zum Anwerfen den Trennschleifer auf den Boden stellen, einen sicheren Stand einnehmen. Bei der Inbetriebnahme wird aufgrund der Gaseinstellung die Scheibe sofort mitlaufen. Sie darf deshalb keine Gegenstände erfassen, oder den Boden berühren. Im Schwenkbereich darf sich keine weitere Person aufhalten.

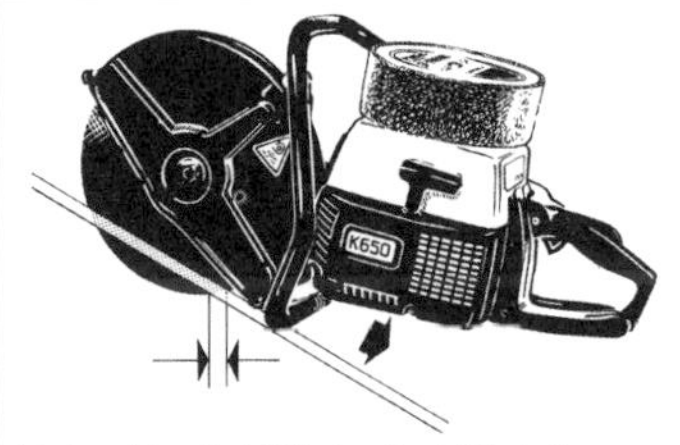

kleine Kontaktfläche bei Metallen

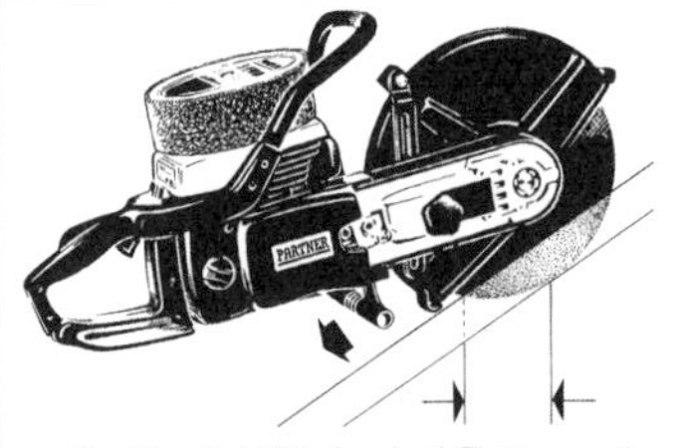

große Kontaktfläche bei Beton u.ä.

Beim Trennschleifen muß zuerst die Trennrichtung festgelegt werden, bevor die Scheibe zum Schnitt angesetzt wird. Um seitlichen Druck auf die Trennscheibe zu vermeiden (Bruchgefahr) darf die Trennrichtung nicht verändert werden. Beim Schneiden in Stahl und anderen Metallen mit hohem Schleifdruck und hoher Scheibengeschwindigkeit arbeiten. Die Schleifkontaktfläche soll so klein wie möglich gehalten werden. Grundsätzlich mit max. Drehzahl die Scheibe an das Material heranführen. Die Drehzahl wird dann durch Steigern oder Verringern des Schleifdruckes geregelt. Um einen sauberen und sicheren Schnitt zu erzielen,

Trennschleifscheibe nicht in das Werkstück hineinschieben, sondern ziehen. Beim Schneiden in Beton o.ä. soll die Scheibe in der Trennfuge hin und her geführt werden, so daß eine gute Wärmeableitung erreicht wird.

10.2.3. Unfallverhütung

- Zusätzlich zur Schutzausrüstung ist ein Gesichtsschutz, bei längeren Arbeiten Gehörschutz zu tragen
- Trennschleifgerät nicht mit laufendem Motor transportieren
- Am Einsatzort darf keine explosive Atmosphäre vorhanden sein
- Aufgrund der vorhandenen Brandgefahr ist geeignetes Löschgerät bereitzustellen
- Gerät nur am Griffrohr tragen, wobei der heiße Schalldämpfer vom Körper weg und der Schleifkörper nach hinten zeigen soll
- Beim Arbeiten stets das Gerät mit beiden Händen festhalten
- Nicht über Schulterhöhe trennen.

10.2.4. Wartung und Pflege

Trennschleifer nach Gebrauch reinigen. Kühlluftschlitze und Schleifkörperantrieb vom Schleifstaub säubern. Keilriemen und Trennscheibe auf Abnutzung kontrollieren, ggf. Auswechseln. Sämtliche Schraubverbindungen, insbesondere 20 bis 30 Betriebsstunden nach der ersten Inbetriebnahme, auf festen Sitz überprüfen.

Luftfiltersystem auf Sauberkeit überprüfen.

10.3. Brennschneidgerät für Acetylen-Sauerstoff

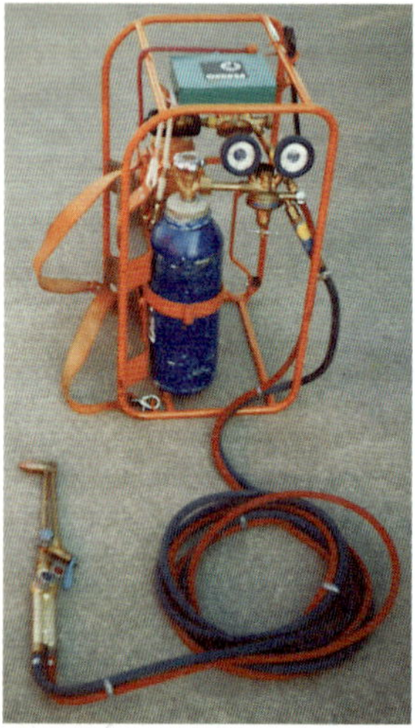

Das tragbare autogene Brennschneidgerät dient zum thermischen Trennen von Stahlteilen wie Bleche, Träger und Rohre bis zu einer Materialdicke von 100 mm. Das Gerät ist einsatzbereit in einem Tragrahmen aus Stahlrohr untergebracht und hat ein Gesamtgewicht von ca. 32 kg.

10.3.1. Gerätekunde und Betriebshinweise

Das tragbare Brennschneidgerät besteht aus :

- Tragrahmen aus Stahlrohr
- Tragriemen mit Rückenpolster
- Schnellspannhalterung für die Leichtstahlflaschen
- 1 Acetylengasflasche Fülldruck 18 bar (ca. 750 l), mit Ventilschutzkappe
- 1 Sauerstoffflasche Fülldruck 200 bar (ca. 1000 l); mit Ventilschutzkappe
- Zusätzlich eine Reservesauerstofflasche
- Druckminderer mit Überwurfmutter SW 32 für Sauerstoffflasche
- Druckminderer mit Bügelverschluß für Acetylenflasche; der Druckminderer ist ein membrangesteuer-

tes Ventil und dient dazu, den Flascheninhaltsdruck auf den Arbeitsdruck zu vermindern und diesen Arbeitsdruck während der Gasentnahme konstant zu halten

- Schneidbrenner, bestehend aus dem Griffstück sowie dem Schneideinsatz (Schneideinsatz kann mit Schweißeinsätzen ausgetauscht werden) oder
- Handschneidbrenner- Griffstück und Schneideinsatz bilden eine Einheit-sind zum Schweißen nicht einsetzbar;

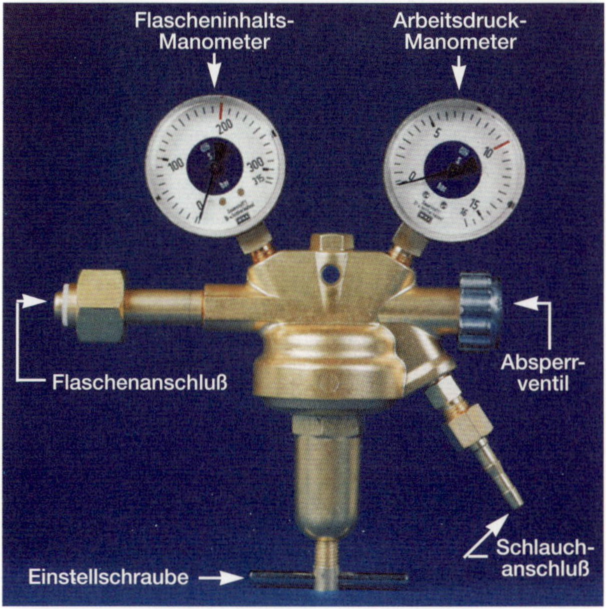

Druckminderer für Sauerstoffflasche

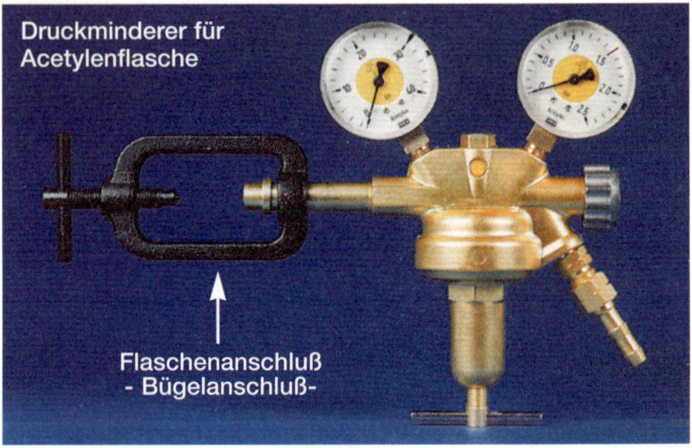

- Schneideinsätze arbeiten nach dem Injektorprinzip oder mit gasemischenden Düsen; beim Injektorprinzip führen zwei Leitungen zum Brennerkopf, wobei in der unteren Leitung Druck- und Mischdüse (Injektor) das Brenngas mit dem Heizsauerstoff vermischen; bei einer Rückzündung kann hier die Flamme bis zum Injektor gelangen; durch die obere Leitung gelangt der Schneidsauerstoff zur Schneiddüse; bei der Verwendung gasemischender Düsen führen drei Leitungen zum Brennerkopf; Schneidsauerstoff wird in der oberen, Heizsauerstoff in der mittleren und das Brenngas in der unteren Leitung zum Brennerkopf geführt; erst hier wird das Brenngas mit dem Heizsauerstoff vermischt, wodurch kein Zurückbrennen des Sauerstoff-Brenngasgemisches erfolgen kann;
- Zwillingsschlauch, 5 m lang, mit Flammenrückschlag-Sicherungen, besteht aus einem Sauerstoffschlauch (blau) mit 6,3 mm Ø und stärkerer Wan-

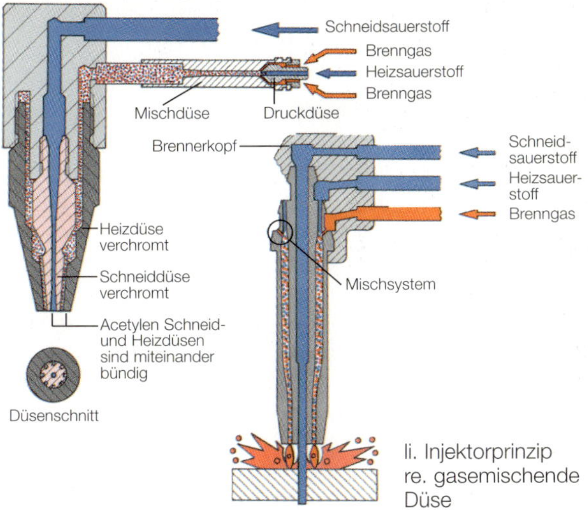

li. Injektorprinzip
re. gasemischende
Düse

dung sowie dem Brenngasschlauch (rot) mit 8,0 mm Ø und dünnerer Wandung; eine Verwechslung ist beim Anschließen der Schläuche nicht möglich, da verschiedene Gewinde an den Schlauchkupplungen bzw. an den Flammenrückschlag-Sicherungen vorhanden sind (Sauerstoff Rechts 1/4“, Brenngas Links 3/8“)

- Blechkasten mit folgendem Inhalt :
  - Schutzbrille (Schweißbrille)
  - Schlüssel SW 32
  - Brennerschlüssel
  - Anzünder

- 3 Ersatzschneiddüsen für Materialstärken (bei Injektorgeräten)

von 25 bis 40 mm; · von 40 bis 60 mm; · von 60 bis 100 mm .

Funktions-Grundprinzip

Das Brennschneiden beruht auf der Eigenschaft des Stahls, in reiner Sauerstoffatmosphäre bereits bei ca. 1210°C sehr rasch zu verbrennen. Mit einer Brenngas-Sauerstoff-flamme und einem Sauerstoffstrahl wird der Werkstoff, dessen Zündtemperatur unter seiner Schmelztemperatur liegt und dessen Oxide (Schlacke) ebenfalls bei niedrigerer Temp. schmelzen, durchgebrannt. Das Schneidgut wird durch eine an der Vorwärmdüse des Schneidbrenners gebildeten Flamme auf die Zündtemperatur erhitzt und der Werkstoff durch aus der Schneiddüse geblasenen Sauerstoff verbrannt und als flüssige Schlacke aus der Schnittfuge geschleudert. Da dieser Vorgang stets von der Werkstofftemperatur abhängig ist, muß die Schnittgeschwindigkeit sowie der Brennerabstand genau eingehalten werden.

MERKE: Zum Brennschneiden sind nicht geeignet: Stähle mit mehr als 5% Chrom, Gußeisen, Aluminium und seine Legierungen, Kupfer und seine Legierungen, Nickel und seine Legierungen usw..

Betriebsdaten der Brennschneiddüsen

Die Feuerwehr verwendet in der Regel Geräte mit einer Schneidleistung bis 100 mm.

Gegebenenfalls Empfehlung des Düsenherstellers beachten. (Siehe Anlage Tabellen 5 bis 7)

ACHTUNG! Der Arbeitsdruck für Sauerstoff hängt von der Materialstärke ab, der Arbeitsdruck für Acetylen beträgt in der Regel 0,3 bis 0,5 bar, und darf niemals höher als **1,5 bar** eingestellt werden. Bei höheren Drücken und Zutritt von Wärme kann sich Acetylen zersetzen. Dabei wird weitere Wärme frei und es kommt zu einem explosionsartigen Acetylenzerfall. Höhere Temperaturen, Druckstöße und Schwingungen begünstigen den Acetylenzerfall.

Vor dem Anschluß des Druckminderers sind die Flaschenventile durch kurzes Öffnen auszublasen.

10.3.2. Handhabung

Inbetriebnahme

- Schneidgerät senkrecht aufstellen
- Zwillingsschlauch mit Schneidbrenner knick- und drallfrei auslegen
- Stellschraube an beiden Druckminderern muß bis zum Anschlag zurückgedreht sein
- Sauerstoff- und Brenngasventil am Griffstück zunächst geschlossen halten
- Flaschenventile langsam $1/2$ bis 1 Umdrehung öffnen
- Dosierventil am Schneideinsatz nach Bedarf öffnen
- Sauerstoffventil am Griffstück voll öffnen
- Ventil am Druckminderer auf den Arbeitsdruck einstellen, der der Angabe auf dem Brenner entspricht
- Sauerstoffventil am Griffstück schließen
- Brenngas-(Acetylen-) ventil am Griffstück öffnen ($1/4$ bis $1/2$ Umdrehung)

- Ventil am Druckminderer auf Arbeitsdruck einstellen (niemals höher als 1,5 bar !)
- Brenngasventil am Griffstück schließen
- Schutzhelm und Schutzbrille aufsetzen und Handschuhe anziehen.

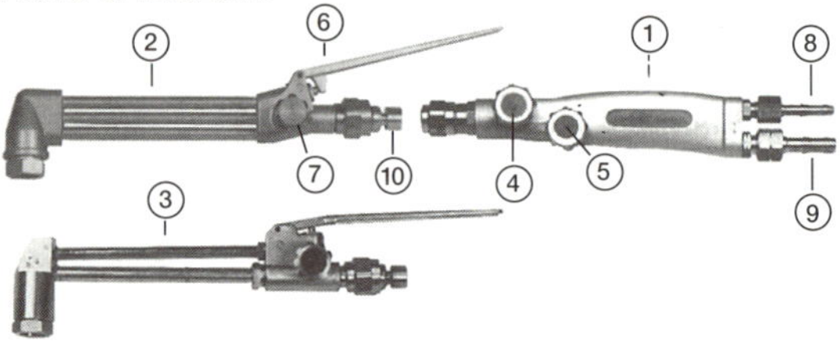

1 Griffstück-Kombi
2 Federhebel-Schneideinsatz gasemischend F-GM
3 Federhebel-Schneideinsatz Injektorprinzip
4 Sauerstoffventil
5 Brenngasventil
6 Schneidsauerstoffventil mit Federhebel
7 Dosierventil
8 Schlauchanschluß Sauerstoff
9 Schlauchanschluß Brenngas
10 Anschlußmutter

ACHTUNG!
- Werden Sauerstoff- und Acetylenflasche aus dem Tragegestell herausgenommen, sind die Flaschen gegen Umfallen zu sichern oder so abzulegen, daß das Flaschenventil der Acetylenflasche mind. 40 cm höher liegt als der Flaschenfuß
- Sauerstoff- und Acetylenflasche gegen Sonnen- und Wärmeeinwirkung abschirmen und vor Feuer oder Funkenflug schützen
- Acetylen ist ein hochexplosibles Gas, bereits bei einem Acetylenanteil von 2,3% ist ein Luft-Acetylen-Gemisch explosibel

- Keine Reserveflaschen an der Einsatzstelle lagern.

Flamme entzünden und einstellen:

- Dosierventil nach Bedarf öffnen
- Sauerstoffventil am Griffstück vollständig öffnen
- Brenngasventil am Griffstück nach Bedarf (je nach Materialstärke) öffnen
- am Brennerkopf ausströmendes Gemisch mit Gasanzünder sofort zünden
- Flamme neutral einregulieren
- Schneidsauerstoffventil ganz öffnen, ggf. Sauerstoffdruck (siehe Tabelle) nachregulieren, Flamme wieder neutral einstellen
- Schneidsauerstoffventil wieder schließen.

Nach dem Entzünden der Flamme muß durch Regulierung des Brenngas- und Sauerstoffventils ein 3 bis 4 mm hoher bläulicher Nadelkegel entstehen. Verändert sich beim Betätigen des Hebels für Schneidsauerstoff dieser Kegel, (durch Schneidsauerstoff verursachter Brenngasüberschuß) so muß er durch Drosseln am Brenngasventil neu eingestellt werden.

Der Schneidvorgang

Mit der Vorwärmflamme des Schneidbrenners wird das zu trennende Material auf seine Zündtemperatur, die unter dem Schmelzpunkt liegt, angewärmt. Die Brennerspitze hat dabei etwa 3 - 4 mm Abstand zum

Schneidgut und ist so geneigt, daß die Flamme das Material in Schnittrichtung vorwärmen kann. Durch Öffnen des Schneidsauerstoffventils am Schneidbrenner wird reiner Sauerstoff unter Druck zugeführt. Das Schneidgut verbrennt und das entstandene dünnflüssige Oxid wird durch den Druck weggeblasen. Beim Durchtrennen von

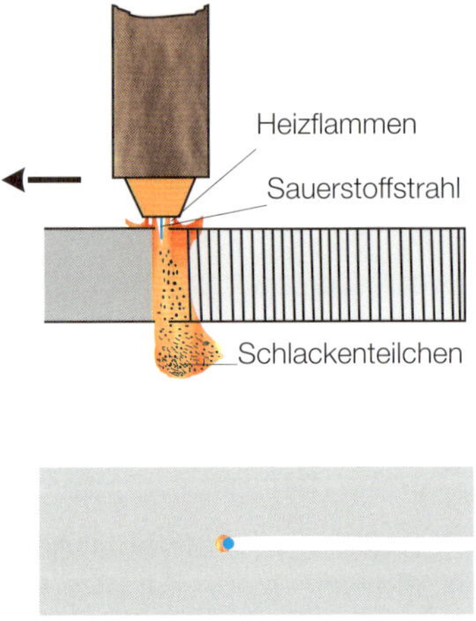

Schneidvorgang

Profilen und starkem Material muß der Brenner so geführt werden, daß das flüssige Oxid von der Brennerspitze weg und nicht entgegenlaufen kann. Wird der Brenner zu schnell geführt, trifft die Schneidflamme auf ungenügend erwärmtes Material, worauf der Schneidvorgang unterbrochen wird. Das Schneidsauerstoffventil muß dann geschlossen werden, bis das Material erneut erwärmt wurde. Die richtige Schnittgeschwindigkeit ist gegeben, wenn das Schlackenmaterial gleichmäßig und der Funkenstrahl senkrecht aus der Schnittfuge austritt.

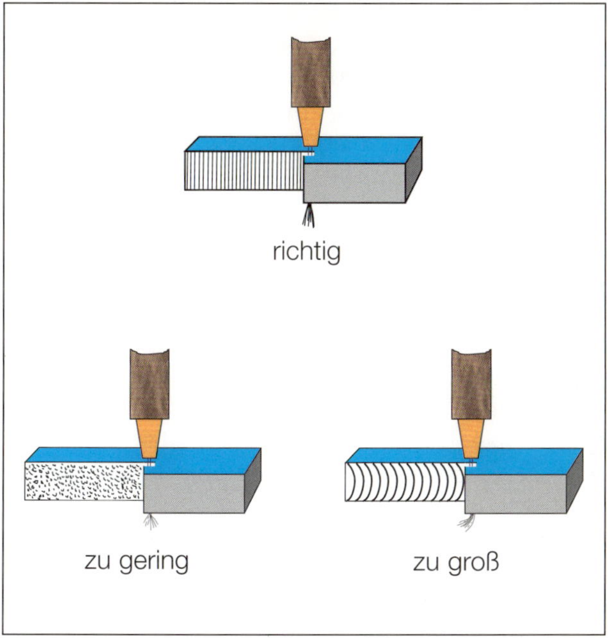

Schneidgeschwindigkeit
Die richtige Schneidgeschwindigkeit erkennt man am Schlackenaustritt, am senkrrechten Funkenflug und am Schneidgeräusch.

Außerbetriebnahme

- Brenngasventil am Griffstück schließen
- Sauerstoffventil am Griffstück schließen
- Dosierventil schließen, (soll der Brenner nur zeitweilig außer Betrieb gesetzt werden, kann das Dosierventil geöffnet bleiben)

- Sauerstoff- und Azetylenflaschenventil schließen
- Sauerstoff- und Brenngasventil am Griffstück öffnen, um so die Schläuche drucklos zu machen
- Regelventile der Druckminderer durch Linksdrehung bis zum Anschlag druckentlasten
- zur Herstellung der Einsatzbereitschaft die Sauerstoff- und Acetylengasflasche auswechseln und bei Notwendigkeit den Düsensatz am Schneidbrenner mit Düsenreiniger reinigen.

10.3.3. Unfallverhütung

- Sauerstoffarmaturen, -anschlüsse und -leitungen öl- und fettfrei halten
- Brennschneidgerät nach Abschluß der Arbeiten sofort aus dem Arbeitsbereich entfernen
- Flaschenventile niemals ruckartig oder mit Gewalt öffnen
- Gasschläuche müssen mindestens 3,00 m lang sein (UVV Schweißen/Schneiden § 8)
- Beim Schneiden sind die Gasflaschen mindestens 3,00 m von der Arbeitsstelle entfernt aufzustellen bzw. abzulegen
- Bei nicht ausreichender Belüftung in geschlossenen Räumen niemals mit reinem Sauerstoff belüften, Explosionsgefahr
- Gasschläuche gegen Beschädigung schützen, besonders auf herabfallende Glutstücke achten
- Merkblatt zur Verhütung von Acetylenflaschen-Explosionen beachten!

10.4. Geräte für einfache technische Hilfeleistung

10.4.1. Feuerwehr-Werkzeugkasten DIN 14881

Im Handwerkzeugkasten der Feuerwehr sind Werkzeuge zur Bearbeitung von Holz-, Metall-, Stein- und Kunststoff sowie Werkzeugsätze für Montagearbeiten zusammengestellt. Hilfsmittel zum behelfsmäßigem Abdichten von Leckagen, insbesondere im Bereich von Wasserrohrnetzen sowie verschiedene Trenngeräte gehören zum Inhalt.

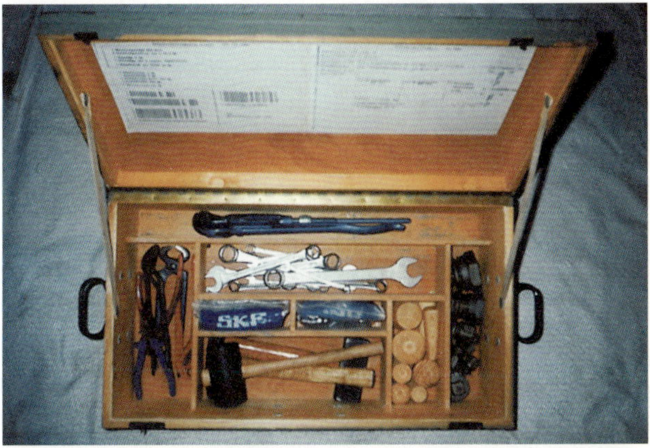

10.4.2. Elektro-Werkzeugkasten DIN 14885

In diesem Werkzeugkasten befinden sich Werkzeuge, die zum Freischalten von elektrischen Niederspannungsanlagen vorgesehen sind. Die Werkzeuge haben daher einen Isolationsschutz bis zu Wechselspannungen von 1000 Volt. Spannungsprüfgerät sowie Warnschilder zur Kennzeichnung des gefährdeten Bereiches gehören zum weiteren Inhalt.

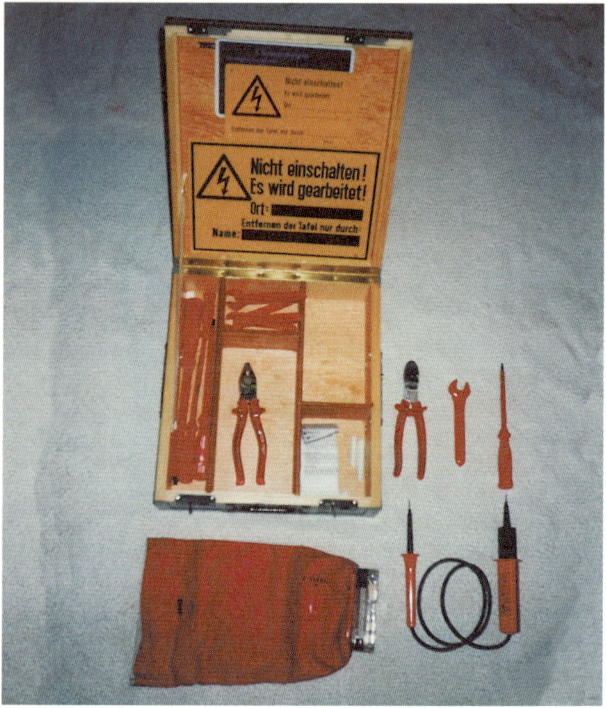

ACHTUNG!

- Mit den Geräten des Elektro-Werkzeugkasten darf im Niederspannungsbereich nur Elektrofachpersonal eingesetzt werden, Abschaltungen dürfen nur unterwiesene Personen durchführen
- In Hochspannungsanlagen dürfen keine Tätigkeiten von Feuerwehreinsatzkräften durchgeführt werden

- Bei unbekannten elektrischen Anlagen ist das Betriebspersonal hinzuzuziehen
- Spannungsfrei geschaltete Anlagen sind gegen Wiedereinschalten zu sichern
- Nach dem Freischalten sind Spannungskontrollen durchzuführen
- Vorgeschriebene Sicherheitsabstände sind einzuhalten.

10.4.3. Brechwerkzeug

Das Brechwerkzeug ermöglicht es dem Einsatztrupp, sich mit verschiedenen Werkzeugen gewaltsam Zutritt zu Räumlichkeiten zu verschaffen. Die Werkzeuge sind in einer ledernen Tragetasche untergebracht. Das Hauptgerät, der Türaufbrecher, überträgt die durch Hebelwirkung 7 - bis 10 fach erhöhte Kraft auf Türblatt und Türrahmen. Der Hebel kann demontiert und allein als Brechstange eingesetzt werden. Der sichelförmige Rolladenöffner dient zum durchtrennen der Verbindungsbänder für die einzelnen Lamellen eines Rolladens. Mit Hammer, Durch- und Splinttreiber können Verschlüsse, Halterungen usw. geöffnet bzw. gelöst werden. Mit Sperrhaken in handelsüblicher und Feuerwehrausführung lassen sich verriegelte Türschlösser mit mehreren Zuhaltungen öffnen (nicht Türen mit Zylinderschloß).

10.4.4. Bolzenschneider

Der Bolzenschneider ist ein Werkzeug, das sich besonders zum Trennen von Rundmaterial eignet.

Die Schneidleistung des Typ „Unibolt“ beträgt bei Rundmaterial in mm:

-bis HRC 19 weich = 11; · -bis HRC 36 mittelhart = 9; -bis HRC 48 hart = 8

Einsatzmöglichkeiten: Abschneiden von Moniereisen bei Hochbauunfällen, Durchtrennen von Ketten bei Tieranbindungen, Trennen von Gittern, Riegeln und Schlössern zur Öffnung von Rettungs- bzw. Angriffswegen.

10.4.5. Blechaufreißer

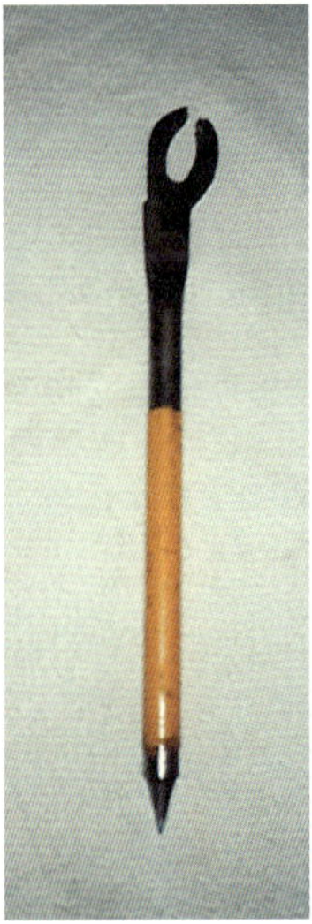

Der Blechaufreißer ist hauptsächlich ein Werkzeug zum Auftrennen von Blechwänden nach dem Prinzip eines Dosenöffners. Das Gerät eignet sich aber auch zum Trennen von Windschutzscheiben aus Verbundglas, die mit der Karosse fest verbunden sind. Der Blechaufreißer ist an einem Ende mit einer gehärteten Spitze versehen, die das Eindringen in das Material durch Stoßwirkung ermöglicht. Die Schneidseite besteht aus einer gehärteten Stahlschneide und einem Widerlager. Neben dem Schneiden können auch Hebelkräfte eingesetzt werden.

ACHTUNG!

Beim Einstoßen von Blechwänden besteht durch Zurückfedern Verletzungsgefahr! Beim Trennen von Windschutzscheiben entsteht Verletzungsgefahr durch abspritzende Glassplitter für Einsatzkräfte und Unfallopfer.

10.4.6. Glas-Master

Der Glas-Master ist ein Trenngerät, das eigens zum Heraustrennen von Verbundglasscheiben konstruiert ist. Das Gerät ist mit einer Spitze (Spike), dem Sägeblatt und einem Handgriff ausgelegt. Im Handgriff befindet sich ein Federkörner, mit dem Seiten- und Heckscheiben (Einscheibensicherheitsglas) durch Ankörnen zerstört werden können. Mit der Spitze wird in der unteren und oberen Mitte der Windschutzscheibe je ein Loch eingeschlagen und somit Ansätze für das Sägeblatt geschaffen. Das Sägeblatt wird auf Zug beansprucht, dadurch spritzt der größte Teil der Glassplitter nach außen. Etwa eine Minute wird benötigt, um auf diese Weise eine Windschutzscheibe komplett herauszutrennen. Nach ca. 20 maligem Gebrauch kann das Sägeblatt ausgewechselt oder nachgeschärft werden.

11. Heben von Lasten

11.1. Einfache Hebegeräte

11.1.1. Brechstange

Brechstangen stehen der Feuerwehr in vier Normgrößen zur Verfügung. Der Stahlstab ist 30 bis 35 mm dick und wird in Längen von 700 mm; 1200 mm; 1500 mm und 1800 mm ausgeführt. Die eine Seite der Stange ist zu einer Spitze, die andere zu einer abgewinkelten und eingekerbten Schneide ausgeschmiedet. Nach den Grundsätzen des Hebelgesetzes lassen sich mit ihnen große Kräfte übertragen, mit der klauenförmigen Schneide größere Nägel, Bolzen Beschläge, Bauklammern und dergleichen ziehen. Aber auch Spezialbrechstangen aus nichtfunkenreißendem Material, versehen mit einer Nagelklaue an der einen Seite, einer Pike und einem Entenschnabel an der anderen Seite, stehen den Einsatzkräften zur Verfügung.

11.1.2. Hebebaum

Der ca. 16 kg schwere und 3 m lange Hebebaum besteht aus astfreiem, imprägniertem Hartholz und ist mit einem eisernen Beschlag versehen. Er dient zum Bewegen von Lasten analog der Brechstange und kann insbesondere zum Anheben und Bewegen von Fahrzeugen eingesetzt werden.

11.2. Luftheber

11.2.1. Gerätekunde und Betriebshinweise

Mit der Entwicklung und Produktion von Hebekissen stehen den Rettungsorganisationen Geräte zur Verfügung, die bestens geeignet sind zur Befreiung eingeklemmter Personen sowie zum Bewegen von

Lasten überhaupt. Mit den pneumatisch betriebenen Rettungsgeräten können Arbeitsgänge wie Heben, Drücken, Pressen, Stemmen, Senken und Spalten in allen Schräglagen durchgeführt werden. Lufttheber werden aufgrund verschiedener Arbeitsdrücke in Niederdruck-Hebekissen (0,5-1 bar) und Hochdruck-Hebekissen (8 bar) unterschieden.

11.2.1.1. Niederdruck-Hebekissen

(Technische Daten siehe Anlage Tabelle 8)

Die Lufttheber bestehen aus hochreißfestem Polyamid-Gewebe mit Neoprene-Beschichtung. Sie sind

abriebfest, öl- und alterungsbeständig. Eine Spezial-Innenbebänderung verhindert ein Ausbauchen der Boden- und Deckenplatten, deren flache Form dadurch erhalten bleibt und verringert die Gefahr des Einschneidens scharfer Kanten. Boden- und Deckplatten sind aus mehrschichtigem Material gefertigt. Die Niederdruck-Luftheber werden in verschiedenen Formen und Grössen angeboten. Mit zylindrischer sowie quadratischer Form und zwischen Boden- und Deckplatte vorhandener Seitenwand, Luftheber ohne Seitenwand in einfacher Bauart sowie in Systembauweise.

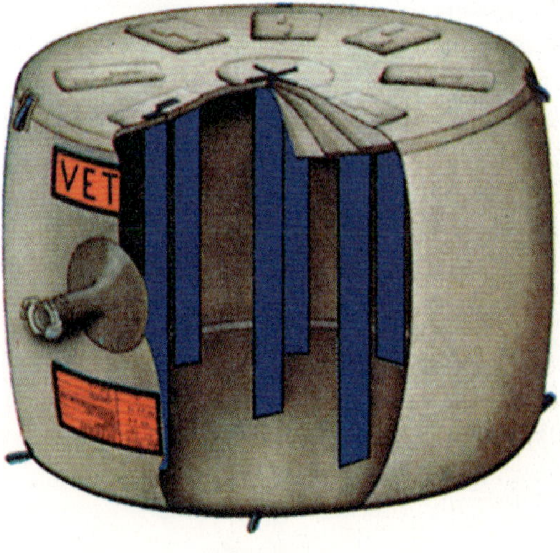

Innenbebänderung (Fa. Vetter)

Für den Einsatz eines Kissenpaares werden benötigt:

- Druckluftflasche 200 oder 300 bar, bzw. andere Luftquellen
- Druckminderer 200/300 bar, mit Handanschluß
- Doppelsteuerorgan 0,5 bar, in Fitting-Konstruktion, mit 2 Kontrollmanometern, 2 Kugelhähnen
- 2 Sicherheitsventilen mit Ablaßvorrichtung
- 2 Druckluftschläuche 0,5 bar, 5m lang, mit schraubbaren Klauenkupplungen

Systembauweise (Fa. Hurst)

- Adaptersatz zum Anschluß an andere Luftquellen

Andere Luftquellen können sein:

- Ortsfestes Druckluftnetz
- Baustellenkompressor
- LKW-Bremsanlage
- LKW-Reifen bzw. Reifenfüllanlage
- herkömmliche Hand- und Fußluftpumpen.

ACHTUNG!

Übersteigt der Betriebsdruck einer anderen Luftquelle 12 bar, muß ein Druckminderer verwendet werden.

Herstellen der Einsatzbereitschaft (Vetter-Geräte)

- Druckminderer an Druckluftflasche anschließen
- Absperrhahn (3) des Druckminderers schliessen
- Flaschenventil (5) öffnen : Manometer (1) zeigt den Flaschendruck an
- Hinterdruck, der am Manometer (2) angezeigt wird, am Regulierventil mit Knebel (4) auf ca. 4 bar einstellen,

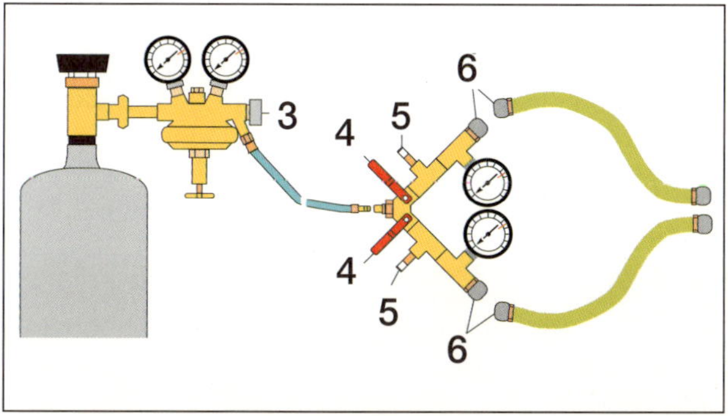

- Luftschlauch des Druckminderers durch Stecknippel mit Doppel-Steuerorgan verbinden
- Kugelhähne (4) und Ablaßvorrichtung (5) am Kopf der Sicherheitsventile schließen;

- Absperrhahn (3) am Druckminderer öffnen; danach Füllschläuche an Doppelsteuerorgan und Hebekissen seitenrichtig anschließen;
- Kupplungen (6) bis Anschlag drehen, einrasten und von Hand festschrauben.

Hubvorgang (Vetter-Geräte)

Die Luftheber werden an den Lastansatzpunkten plaziert und durch Öffnen der Kugelhähne am Steuerorgan zum Anheben der Last befüllt. Dabei die Last sowie die Kisseninnendrücke an den Manometern beobachten. Die Sicherheitsventile am Doppelsteuerorgan verhindern ein Überfüllen der Kissen, sie öffnen sich automatisch bei 0,5 bar (plus/minus 10%). Je nach Art, Lage und Verhalten der Last während des Hubvorganges werden die Hebekissen entweder gleichzeitig und gleichmäßig oder schrittweise bzw. einzeln gefüllt. Zum Entleeren der Hebekissen und damit Absenken der Last Ablaßvorrichtung durch Linksdrehen öffnen. Sind die Hebekissen soweit entleert, daß die Last vom Unterbau sicher getragen wird, können die Niederdruck-Hebekissen durch Entfernen der Füllschläuche vollständig entleert werden.

ACHTUNG! Um den Luftweg zwischen Druckminderer und Steuerorgan drucklos zu machen, muß zunächst das Flaschenventil geschlossen werden. Danach sind die Kugelhähne des Steuerorgans zu öffnen, so daß der Druck ins Freie entweichen kann. Erst danach ist das Regulierventil des Druckminderers zu entspannen und dieser von der Druckluftflasche abzuschrauben.

Einsatzhinweise

- Niederdruck-Hebekissen werden eingesetzt, wo großflächiges Ansetzen notwendig ist und große Hubhöhen erreicht werden müssen
- Mindestens zwei Kissen der gleichen Größe und Bauart verwenden. Je ein Kissen möglichst nahe an jeweils einem Ende der Last plazieren
- **Nie** zwei oder mehr einzelne Kissen **übereinander** legen!
- Hebekissen mittels Arbeitsleine unter die Last ziehen oder zwischen Lasten herablassen
- Aufgrund des geringen Auflagedruckes (max.0,5 kg/cm^2) ist auch bei weichem Untergrund ein Unterbauen der Kissen nur im Ausnahmefall erforderlich. Grundsätzlich ist jedoch die Last durch Unterbauen, Abspannen oder andere geeignete Maßnahmen während des gesamten Hubvorganges zu sichern
- Hebekissen möglichst mit ganzer Fläche **-mindestens aber zu 75 %** unter die Last plazieren!

ACHTUNG! Luftheber ohne Seitenwand verlieren während des Hubvorganges aufgrund ihrer Verformung mit zunehmender Hubhöhe an Hubkraft.

MERKE: Je geringer die Kontaktfläche zwischen Hebekissen und Last, desto geringer ist die Hubkraft, denn nach physikalischem Prinzip ist:

Druck x Fläche = Kraft

- Vor dem Plazieren der Kissen das Seitenwandmaterial zwischen Boden- und Deckplatte schieben und diese zueinander ausrichten

- Während des Füll-/Hubvorganges ist darauf zu achten, daß das Seitenwandmaterial nicht durch scharfe oder spitze Teile oder durch Einquetschen beschädigt wird.

11.2.1.2. Hochdruck-Hebekissen (Fa. Vetter)

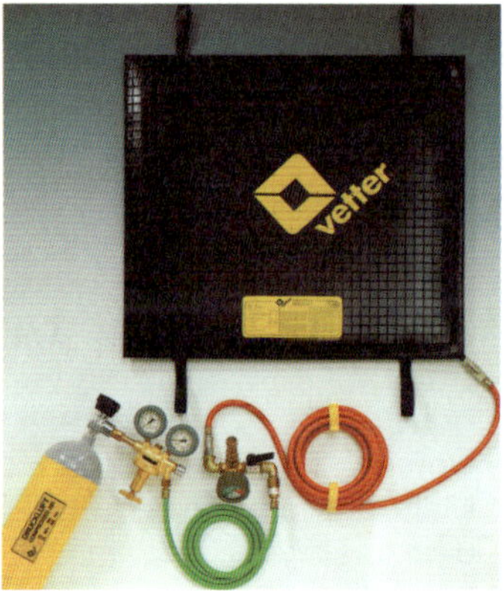

Hochdruckhebekissen haben aufgrund ihrer flachen Bauweise und großen Hubkräfte ein sehr großes Einsatzspektrum und gegenüber mechanischen und hydraulischen Hebern wesentliche Vorteile. Sie haben keine beweglichen Teile und sind in jedem Arbeitswinkel einsetzbar.

Diese „Kraftkissen“ sind mit einer STAHLKORD- oder ARAMID/KEVLAR -Verstärkung versehen. Sie bestehen aus einem mehrlagigem Aufbau. Sie sind öl- und ozonbeständig, haben gute Chemiekalienbeständigkeit, sind kältebeständig bis -40°C, hitzebeständig bis 115°C kurzfristig bzw. 95°C langfristig, sind abrieb- und rutschfest.

Für den Einsatz eines Kissenpaares werden benötigt:

- Druckluftflasche 200 oder 300 bar, bzw. andere Luftquellen
- Druckminderer 200/300 bar, mit Handanschluß
- Doppelsteuerorgan im Kunststoffgehäuse mit Totmannschaltung, 2 Kontrollmanometern, Überdrucksicherheitsventile und Ablaßeinrichtung, die über die Totmannschalter betätigt wird
- 2 Füllschläuche, unterschiedlich gefärbt, 5 m oder 10 m lang mit Sicherheitskupplungen.

Die Fa. Vetter bietet Kissengrößen ab 37 x 37 cm bis 95 x 95 cm mit Hubkräften ab 96 bis 677 kN an. Die Tabelle 9 (Siehe Anlage) beinhaltet technische Daten ausgewählter Luftheber. Die Tabelle 10 (Siehe Anlage) beinhaltet technische Daten des Kissensatzes der Super-Mini-Hebekissen.

Herstellen der Einsatzbereitschaft

Das Anschließen und Einstellen des Druckminderers erfolgt analog wie beim Einsatz von Niederdruck-Hebekissen.

Es ist ein Hinterdruck von 9 bis 10 bar einzuregulieren!

Ist der Luftschlauch des Druckminderers mit dem Steuerorgan verbunden, werden die Füllschläuche zwischen Steuerorgan und Hebekissen gekuppelt.

Hubvorgang

ACHTUNG! Zum Erreichen größerer Hubhöhen dürfen maximal zwei Kissen übereinander gelegt werden. Dabei müssen gleich große Kissen exakt übereinander liegen, bei unterschiedlichen Größen muß das kleinere Kissen mittig auf dem größeren Kissen liegen. Zum Anheben der Last wird zuerst das untere Kissen als Fundament maximal befüllt, jedoch ist dabei auf die stabile Lage der Last besonders zu achten.

Durch Zurückziehen der Schalthebel am Steuerorgan können die Kissen nebeneinanderliegend gleichzeitig oder im Wechsel befüllt werden. Die Last ist während des Hubvorganges ständig zu unterbauen! Ist die gewünschte Hubhöhe bzw. der Betriebsdruck von 8 bar erreicht, Schalthebel loslassen, dieser geht in die mittlere Stellung zurück. Zum Entleeren der Kissen und damit Absenken der Last, die Schalthebel nach vorne drücken.
Wird die Last sicher vom Unterbau getragen, werden die Kissen über das Steuerorgan drucklos gemacht (Schalthebel nach vorn) und die Füllschläuche zwischen Steuerorgan und Kissen abgekuppelt.

ACHTUNG! Um den Luftweg zwischen Druckminderer und Steuerorgan drucklos zu machen, muß zunächst das Flaschenventil geschlossen werden. Danach sind die Schalthebel des Steuerorgans auf „Kissen füllen“ zu drücken, so daß der Druck ins Freie entweichen kann. Erst danach ist das Regulierventil des Druckminderers zu entspannen und dieser von der Druckluftflasche abzuschrauben.

Einsatzhinweise

Hebekissen wirken nach dem physikalischen Prinzip:

Druck x Fläche = Kraft

Berechnung der Hubkraft eines Kissens in Ausgangslage

Beispiel V 31

Größe 65 x 69 cm abzüglich Randbereich

somit 60,7 x 64,7 cm = 3.927 cm^2

8 bar x 3.927 cm^2 = 31.418 kg

Kissen-innendruck (bar)	x	Anliegende, effektiv wirksame Fläche des Hebekissens (cm^2)	=	Pneumatische Kraft des Hebekissens (kg)

Durch die zunehmende Auswölbung bei steigendem Hub verringert sich die wirksame Auflagefläche zwischen dem Hebekissen und der zu hebenden Last. Daraus resultiert, daß die Hubkraft bei steigender Hubhöhe abnimmt.

ACHTUNG! Hebekissen ganzflächig, mindestes aber zu ²/₃ der Kissenfläche unter der zu hebenden Last positionieren.

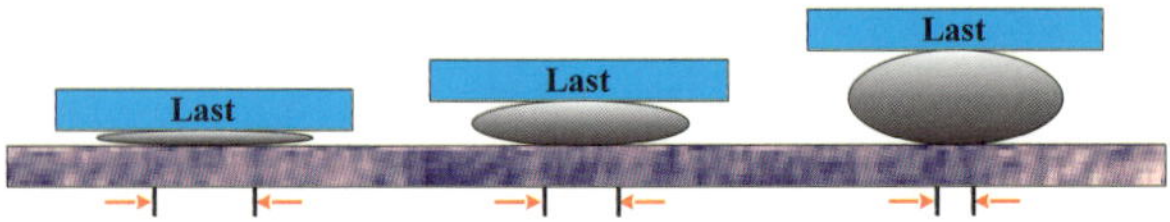

größere Hubhöhe = kleinere Kontaktfläche
kleinere Kontaktfläche = kleinere Hubkraft

Ist das Gewicht der zu hebenden Last nicht bekannt, so ist das größte zur Verfügung stehende Kissen zu verwenden. Zu jedem Kissentyp ist ein Hubkraft-Lastweg-Diagramm erstellt, das aussagt, welche Last wie hoch bzw. weit bewegt werden kann. Das Diagramm erleichtert somit die Auswahl der geeigneten Kissengrößen. Die eingezeichneten Kurven beziehen sich auf das vollständige Heben der Gesamtlast bei 8 bar.

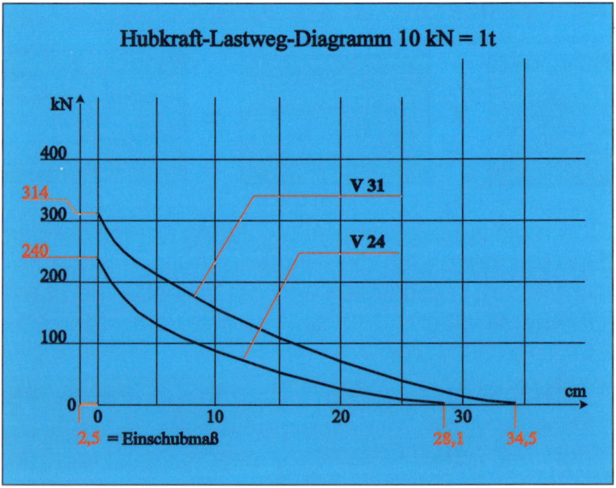

Um die Hubkraft der Kissen optimal auszunutzen, ist der Abstand zwischen Kissenauflage und Last durch geeigneten Unterbau („ausfüttern“ mit Holz) so gering wie möglich zu halten.

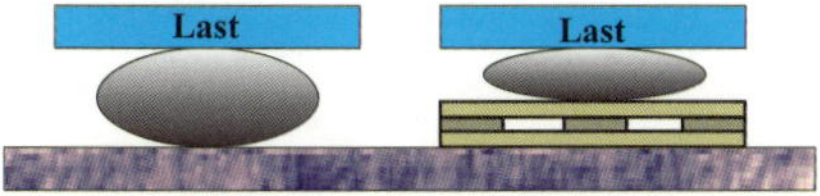

„Ausfüttern“ eines Zwischenraumes durch Kreuzverbau

Sind die Zwischenräume zu groß, kann eine Last nur über eine kurze Distanz bewegt werden. Da der Unterbau die zu bewegende Last aufnehmen muß, ist er aus stabilem Material herzustellen und soll in Länge und Breite größer sein als in der Höhe.

Um größere Hubhöhen zu überwinden, kann durch fortlaufenden Unterbau die Last in Etappen gehoben werden. Ist die Last nach maximalem Hubweg sicher unterbaut, kann das Kissen entlüftet und der Zwischenraum erneut ausgefüllt werden. Es ist aber auch möglich, zwei Einzelkissen übereinander einzusetzen, jedoch keinesfalls drei oder mehr Kissen.

MERKE:

- Werden zwei Kissen übereinander eingesetzt, ist ausschließlich die Hubkraft des kleineren bzw. bei gleich großen Kissen die Kapazität des oberen Kissens ausschlaggebend; die Hubhöhe wird hierbei addiert
- Um die Hubkraft zu erhöhen, müssen die Kissen nebeneinander unter der Last plaziert werden; die Hubkraft wird hierbei addiert, die zu erreichende Hubhöhe wird durch das kleinste Kissen bestimmt

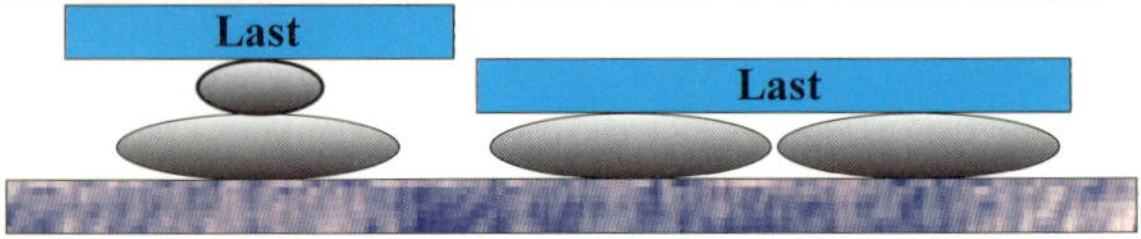

Erreichen optimaler Hubhöhe und optimaler Hubkraft

- Sind Winkel zwischen Untergrund und zu hebender Last größer als 30 Grad, ist durch einen stabilen Unterbau eine parallele Basis zur Lastfläche zu schaffen
- Hebeln erfordert weniger Kraft als Heben; in vielen Fällen kann man Lasten immer noch hebeln, obwohl die Hubkapazität des Hebekissens zum Heben nicht mehr ausreichen würde
- Kann ein Kissen an einer Last nicht mit entsprechender Fläche angesetzt werden, so ist eine Punktbelastung der Kissen durch Vergrößern der Angriffsfläche zu vermeiden. Stabile Holzplatten, wie zum Beispiel Auffahrbohlen, sind hierzu einsetzbar.

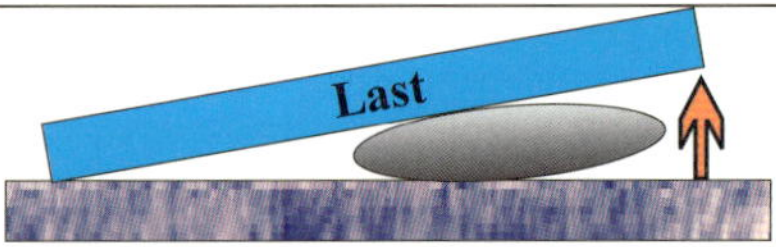

Hebeln erfordert weniger Kraft als Heben

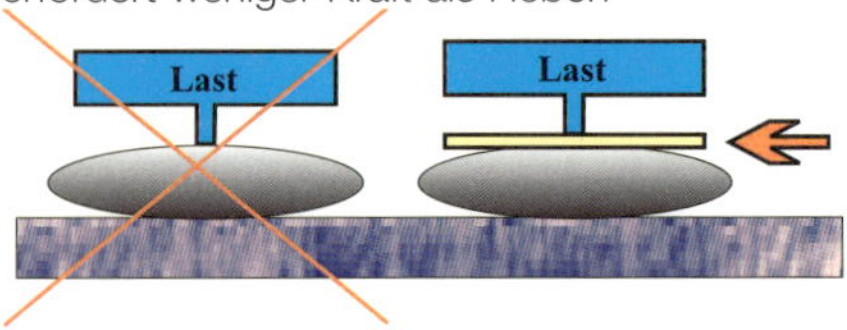

Punktbelastung der Kissen durch Vergrößern der Auflagefläche vermeiden

11.2.2. Prüfung der Luftheber

Nach der Geräteprüfordnung ist an Lufthebern mindestens einmal jährlich eine Sicht- und Druckprüfung von einem Sachkundigen durchzuführen. Alle Luftheber, die der Druckbehälterverordnung unterliegen, sind außerdem alle 5 Jahre durch einen Sachverständigen zu prüfen. Die übrigen Druckkissen sind, wenn Zweifel an der Sicherheit oder Zuverlässigkeit bestehen, mindestens jedoch alle 5 Jahre, vom Hersteller untersuchen zu lassen.

ACHTUNG! Druckkissen mit einem maximalen Betriebsdruck über 0,5 bar und einem Druckinhaltprodukt (Betriebsdruck in bar x Druckkissenvolumen in Litern) über 200 sowie Druckkissen mit einem Betriebsdruck über 1 bar unterliegen der Druckbehälterverordnung.

11.2.3. Unfallverhütung

- Nie unter angehobener Last aufhalten, nie unter die Last greifen
- Beim Unterbauen der Last nie Metall auf Metall legen - Rutschgefahr
- Bei rutschigem Untergrund Fläche unter dem Kissen mit geeigneten Mitteln abstumpfen
- Beim Einsatz nie vor den - sondern stets seitlich zu den - Kissen stehen, da Kissen unter sehr ungünstigen Bedingungen herausgeschleudert werden können
- Kissen vor extrem scharfen Kanten oder heißen Teilen schützen

- Scherwirkungen durch Einquetschen der Kissen beim Ablassen der Last vermeiden
- Vor und nach jedem Einsatz die Geräte und das Zubehör auf ordnungsgemäßen Zustand überprüfen.

11.3. Hydraulische Hebegeräte

11.3.1. Gerätekunde und Betriebshinweise

Bei den Feuerwehren werden als hydraulisches Hebegerät die Winde, der Hydraulische Hebesatz und der Wagenheber eingesetzt.

11.3.1.1. Hydraulische Winden „Büffel" (Fa. Weber)

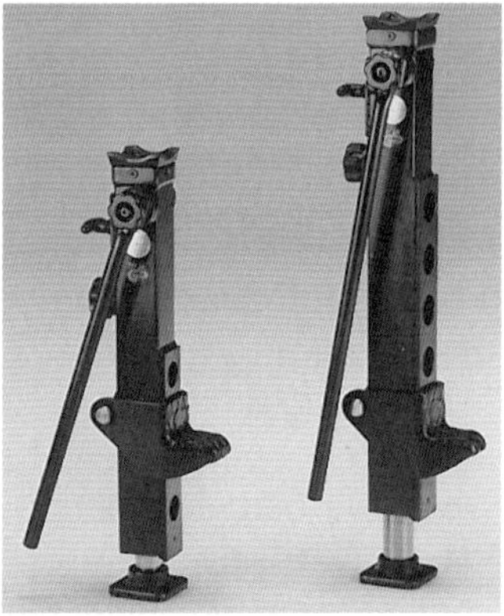

Die hydraulische Winde dient zum Heben, Senken und Drücken von Lasten im horizontalen und vertikalen Einsatz.

Der „Büffel" ist ein robustes, als solide Schweiß-/Schraubkonstruktion ausgeführtes Hubgerät. Bei den Feuerwehren sind zwei Baugrößen, die Typen **B 5** und **B 10** in der Beladung der Fahrzeuge vorhanden.

Die Lastaufnahme erfolgt über eine 4-fach (B5) bzw. 6-fach (B10) höhenverstellbare und abnehmbare Anhebeklaue oder das Kopfstück. (Siehe Anlage Tabellen 11 und 11a) Eingebaute Druckbegrenzungsventile verhindern gefährliche Überlastungen während des Hubvorganges. Mit dem handradbetätigten Schraubablaßventil ist ein feinfühliges Absenken der Last möglich. Die hydraulische Winde B 10 besitzt eine Niederdruckstufe zur schnelleren Überwindung des Leerhubes. Eine selbsttätig wirkende Umsteuerung in der Ansaugleitung ermöglicht einen beinahe lageunabhängigen Einsatz. Der Pumphebel ist um 360° verstellbar. Es stehen zwei Fußausführungen zur Verfügung. Ausführung flachquadratisch und Ausführung balligrund mit passender Fußlagerplatte.

- Mit der Winde B 10 kann eine Last stufenweise von 81 mm mit der Anhebeklaue und anschließend über das Kopfstück von 800 mm bis 1150 mm angehoben, gedrückt bzw. abgesenkt werden
- Die Hydraulikwinden sind in einem Temperaturbereich von -20°C bis +80°C einsetzbar
- Das Betriebsmedium ist werkseitig ein Hydrauliköl auf Mineralölbasis mit der Bez. Aero-Shell Fluid 4.

Bedienung

- **Heben:** mittels Handrad Ablaßventil durch „Rechtsdrehung" fest schließen; den Pumphebel und die Anhebeklaue in die günstigste Position stellen und ordnungsgemäß verriegeln; bei tiefliegendem Lastansatzpunkt wird die Winde mit der Anhebeklaue angesetzt, um so den maximalen Hubweg zu erreichen.
- **Senken:** mittels Handrad Ablaßventil durch „Linksdrehung" gefühlvoll bis zur gewünschten Senkgeschwindigkeit öffnen.

Nach Gebrauch den Hubkolben ganz einfahren und den Pumphebel in Transportstellung bringen.

Einsatzhinweise

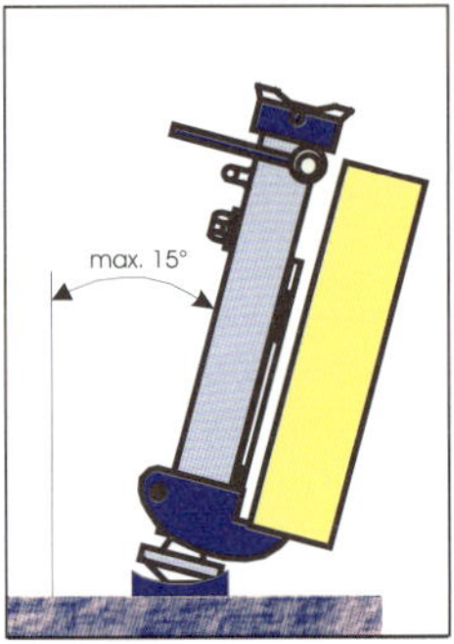

- Bei Bedarf sind Fußplatten durch Herausschlagen des Arretierungsstiftes auswechselbar
- Bei der Verwendung des balligrunden Fußes mit Fußlagerplatte ist Winde in eine Schräglage bis max. 75° zur waagerechten Standfläche neigbar
- Vor jeder Inbetriebnahme ist das Handrad des Ablaßventils zu öffnen und der Pumphebel mehrmals bis zu den Anschlägen zu betätigen; dadurch wird die durch Lagerung und Transport unvermeidlich vorhandene Luft aus dem System entfernt

ACHTUNG! Sowohl beim Heben als auch beim Senken mehrmals das Entlüftungsventil betätigen; die Kontrolle des Hydraulikölstandes ist an der Einfüll- und Entlüftungsschraube bei senkrecht stehender Winde durchzuführen.

- Im Niederdruckbereich wird eine größere Ölfördermenge und somit pro Pumpenbewegung ein größerer Hubweg erreicht; im Hochdruckbereich schaltet ein Pumpkolben automatisch ab, der Hubweg pro Pumpbewegung wird kleiner
- Im Gegensatz zu Lufthebern haben die Winden am Kopf- und Fußteil nur kleine Auflagerflächen, so daß an den Lastansatzpunkten ausreichende Widerlager erforderlich sind

- Um die Abrutschgefahr zu beseitigen ist im Einzelfall zwischen Kopfstück bzw. Anhebeklaue und der Last ein Holzzwischenstück einzulegen
- Die hydraulischen Winden sind in allen dargestellten Arbeitslagen einsetzbar, in Arbeitslage -f- kann der volle Kolbenhub nicht erreicht werden, da nicht die volle Ölmenge genutzt werden kann.

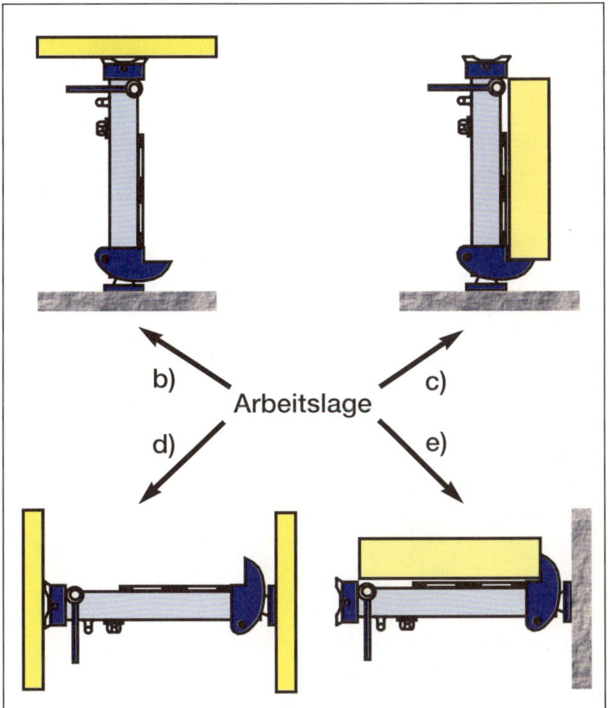

Arbeitslage f)

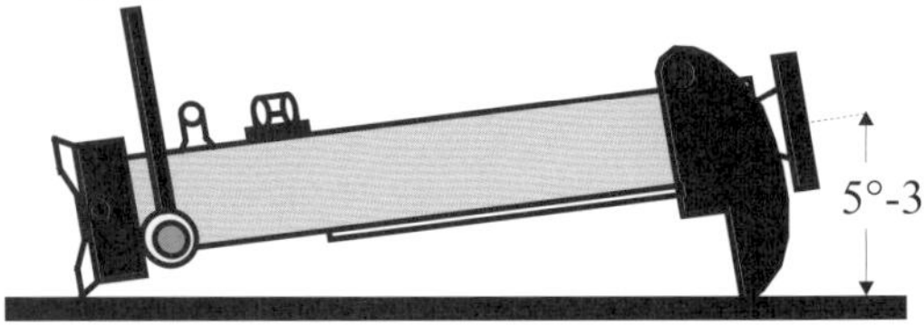

11.3.1.2. Hydraulischer Hebesatz (Fa. Weber)

Für die Bestückung der Rüst- und Gerätewagen stehen zwei verschiedene Varianten von Hebesätzen zur Verfügung. Der Hebesatz H 1, groß, 150 kN, bestehend aus 2 Kästen mit 32 Teilen, ca. 98 kg und der Hebesatz H 2, groß, 150 kN, bestehend aus 21 Teilen, ca. 62 kg. (Siehe Anlage Tabelle 12) Die Gerä-

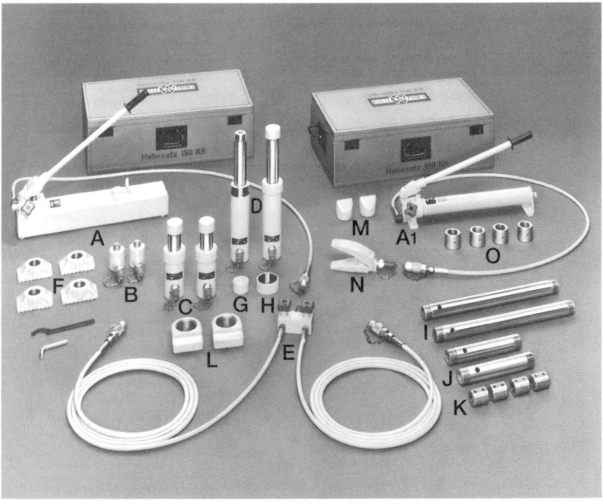

te der Hebesätze können zum Heben, Drücken, Abstützen, Schieben und Absenken verwendet werden. Sie kommen vornehmlich für Bergungsarbeiten bei Naturkatastrophen; auf Trümmerfeldern, in Bauruinen, nach Einstürzen; bei Betriebsunfällen und bei Verkehrsunfällen auf Schiene und Straße zum Einsatz. (Technische Daten siehe Anlage Tabelle 13)

Hubvorgang

Die benötigten Zylinder und das entsprechende Zubehör zusammenstellen. Nach Entfernen der Staubkappen Pumpe, Verteiler und Zylinder mit den Höchstdruckschläuchen bei geöffnetem Ablaßventil der Pumpe verbinden.

ACHTUNG! Die Kupplungshälften dürfen nur im drucklosen Zustand verbunden oder getrennt werden.

Vor dem Druckaufbau zunächst bei geöffnetem Ablaßventil der Pumpe den Pumpenhebel einige Male leer, über den gesamten Hebelweg, auf- und abbewegen. Die Pumpe wird dadurch entlüftet. Zum Ausfahren der Zylinder das Ablaßventil an der Pumpe schließen und bei Einsatz des Zweiwege-Verteilers die Regulierventile öffnen. Handhebel der Pumpe solange betätigen, bis die Zylinderkolben die gewünschte Stellung erreicht haben. Durch wechselseitiges Schließen der Regulierventile des Verteilers können die Zylinder wechselweise zum Ausfahren gebracht werden. Zum Einfahren der Zylinder muß das jeweilige Regulierventil am Verteiler sowie das Ablaßventil an der Pumpe geöffnet werden. Alle Hebegeräte fahren auch unbelastet durch Federwirkung bis in die Ausgangsstellung ein. Steht kein Zweiwege-Verteiler zur Verfügung oder sollen mehr als zwei Heber eingesetzt werden, kann bei Erreichen der jeweiligen Hubhöhe mit Hilfe des Schnellstop die Druckleitung drucklos und der Zylinder abgekuppelt werden. Durch **ruckartiges** Öffnen des Ablaßventiles an der Pumpe bewirkt die Last, daß sich das Ventil in dem zylinderseitigen Kupplungsstecker schließt. Gleichzeitig wird die Schlauchleitung drucklos.

ACHTUNG! Wird das Ablaßventil der Pumpe nicht ruckartig geöffnet kommt es zum Absenken der Last! Grundsätzlich ist die Last durch Unterbauen zu sichern.

BEACHTE: Das Abkuppeln einer unter Druck stehenden Höchstdruckschlauchleitung ist unter Umständen möglich. Jedoch besteht die Gefahr, daß beim Versagen der Schnellstopeinrichtung (unkorrekter Ventilsitz, Verschmutzung) die Last mittels Heber und Pumpe nicht mehr beherrschbar ist.

Einsatzhinweise

- Die Hydrozylinder können in jeder Lage eingesetzt werden
- Verschraubungen immer bis zum Gewindeende, aber nicht übermäßig fest, einschrauben
- Werden **beide Handpumpen** eingesetzt, ist darauf zu achten, daß die Ölmengen der jeweiligen Pumpe wieder zugeführt werden
- **Anhebeklauen** (Fußheber) lassen sich nach Abschrauben der Schutzringe an die 150 kN

Druckzylinder so montieren, daß die glatte Seite zur Kolbenstange zeigt; wird an der Kolbenstange eine Fußplatte oder Schutzkappe montiert und der Zylinder umgekehrt auf die Fußplatte oder Schutzkappe gestellt, lassen sich so tiefliegende Lasten bis 150 kN bewegen.

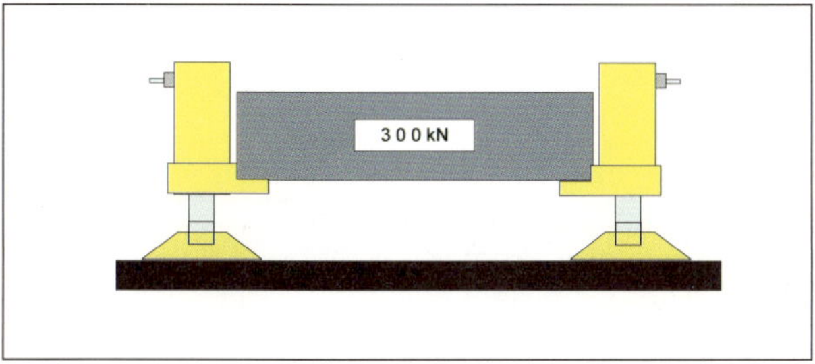

Verwendung des Zweiwegeverteilers:

- Werden zwei Zylinder gleichzeitig verwendet, verdoppelt sich die jeweilige Hubzeit der Zylinder
- Werden beide Handräder geöffnet, erhält jeder Zylinder lastabhängig einen Teil des Ölstroms von der Pumpe
- Sind beide Handräder geöffnet, erfolgt bei langsamen Öffnen des Ablaßventils freier Ölrücklauf zur Pumpe bzw. ein kommunizierender Druckausgleich zwischen den Hydrozylindern
- Bei ungleicher Lastverteilung auf den Zylindern, müssen die Regulierventile einzeln betätigt werden, da sonst der eine Zylinder aus - und der andere einfahren könnte. Die Folge wäre eine Destabilisierung oder Kippen der Last

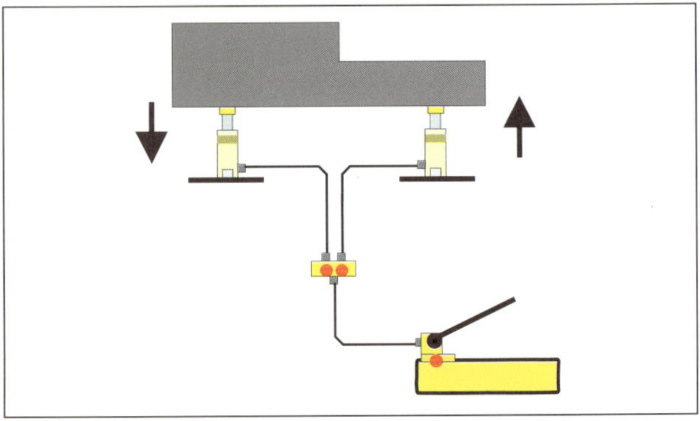

- Soll ein unter Last stehender Zylinder mittels Schnellstop von der Druckleitung getrennt werden, zunächst beide Handräder des Verteilers schließen. Ablaßventil an der Handpumpe öffnen. Das Handrad des betreffenden Zylinders **ruckartig** öffnen und so den Schnellstop auslösen.

Um einen Schnellstop wieder aufzuheben, ist das Ablaßventil der Pumpe zu schließen und der Zylinder mit Öldruck zu beaufschlagen, wodurch sich die Schnellstopeinrichtung öffnet.

MERKE: Werden zwei Heber nebeneinander eingesetzt, so kann ihre Hubkraft addiert werden. Werden sie dagegen miteinander verschraubt, so können die jeweiligen Hubhöhen addiert werden, die Hubkraft beschränkt sich jedoch nur auf die eines Hebers!

- Wenn zwei Verlängerungsrohre 500 mm oder 250 mm zur Überwindung des Abstandes zwischen Lastansatzpunkt und Widerlager verwendet werden müssen, so ist ein Verlängerungsrohr an der Bodenseite und das andere mit einer Gewindemuffe an der Kolbenstange des Hydrozylinders zu befestigen

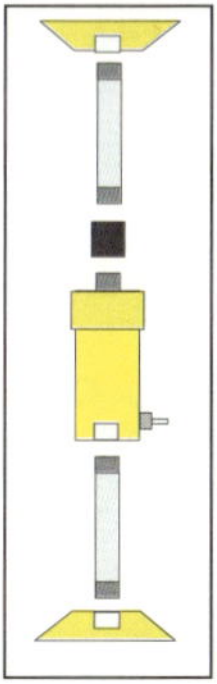

ACHTUNG! Werden maximal zwei Zylinder und maximal zwei Verlängerungsrohre miteinander verschraubt, dann darf die maximale Montagelänge einschließlich Gesamthubweg 1470 mm nicht überschreiten.

- Bei der Montage der Zubehörteile kann die Kolbenstange mit einem Hakenschlüssel bzw. Dorn festgehalten werden

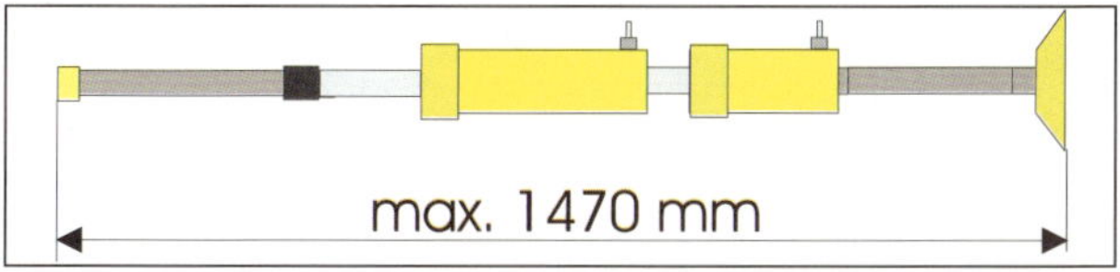

- Das Gewinde am Kolbenstangenende muß immer durch die Schutzkappe oder ein anderes Zubehörteil vor Beschädigungen geschützt werden
- Die Hydrozylinder sind so anzusetzen, daß der Druckpunkt auf die Mitte der Kolbenstange bzw. des aufgeschraubten Zubehörteils wirkt
- Die Pumpe während der Bedienung waagerecht, oder nach der Schlauchseite hin geneigt, aufstellen
- Die Schlauchleitungen dürfen keinen Zugkräften oder starken Krümmungen ausgesetzt werden. Keinesfalls die Schläuche knicken, da sonst Strömungswiderstände entstehen und Druckstau auftritt.

11.3.2. Wartung und Prüfung Hydraulischer Hebegeräte

Winden und Hubgeräte sind mindestens einmal jährlich, darüber hinaus entsprechend den Einsatzbedingungen und den betrieblichen Verhältnissen nach Bedarf, aber auch, nach wesentlichen Änderungen, zwischenzeitlich durch einen Sachkundigen prüfen zu lassen.

Sofort nach dem Trennen der Kupplungsteile die Staubkappen aufstecken. Es ist allgemein auf Sauberkeit zu achten, und nach jedem Einsatz sind die Kupplungshälften unbedingt sorgfältig zu reinigen.

Gelenke und Kolben der Pumpe und Zylinder von Zeit zu Zeit einfetten. Kolbenstangen nach dem Gebrauch in die Zylinder zurückfahren lassen (Rostgefahr).

Bei häufigem Gebrauch wird vom Hersteller empfohlen, das Öl alle drei Jahre zu wechseln.

Die Hydraulikschläuche sind spätestens alle 10 Jahre auszuwechseln.

Fahren die Kolbenstangen der Zylinder nicht gleichmäßig aus, so ist die Anlage zu entlüften.

Entlüften: Hydrozylinder ganz ausfahren und auf den Boden legen. Pumpe auf einen höher gelegenen Platz stellen. Die Schläuche so verlegen, daß Luftblasen leicht nach oben zur Pumpe steigen können.

Die Doppelkolbenpumpe besitzt eine Entlüftervorrichtung,die in der Öleinfüllschraube untergebracht ist. Das Ablaßventil der Pumpe wird langsam geöffnet, wobei der federbelastete Druckknopf der Entlüftervorrichtung mehrmals gedrückt wird, bis die Kolben eingefahren sind. Anschließend bei geöffnetem Handrad einige Male leer durchpumpen.

11.3.3. Unfallverhütung

- Der Aufenthalt oder das Arbeiten unter angehobener, ungesicherter Last ist verboten
- Die Hebegeräte sind so einzusetzen und zu sichern, daß sie während der Arbeitsgänge weder durch die Last noch durch andere Einflüsse (Unterbau, Material, Erschütterungen, Untergrund) ihre Lage ungewollt verändern können
- Angehobene Lasten sind sofort durch geeigneten Unterbau zu sichern.

11.4. Hydraulische Wagenheber

Hydraulische Wagenheber lassen sich auch im technischen Hilfeleistungseinsatz gut verwenden. Als Kfz.-Zubehör gehören sie in der Regel zur Beladung der Fahrzeuge. Vorteilhaft erweisen sie sich wegen ihrer geringen Bauhöhe. Es ist aber zu beachten, daß die Heber für vertikales Heben gedacht und in der Regel nur hierzu konstruiert sind.

Die notwendige Absicherung gehobener Lasten hat auch hierbei in angemessener Weise zu erfolgen.

NOTIZEN

12. Ziehen von Lasten

12.1. Gerätekunde und Betriebshinweise

12.1.1. Zugeinrichtungen

12.1.1.1. Mehrzweckzug (Greifzug)

Der Mehrzweckzug ist ein Handseilzug, der zum Heben, Ziehen, Spannen und Absenken in jeder Lage eingesetzt werden kann. Bei der Feuerwehr kommen die älteren Typen TU 16 und TU 32 sowie die neueren Typen T 516 und T 532 zur Anwendung. (Technische Daten siehe Anlage Tabelle 14)

Das Gerät besteht im wesentlichen aus einem Leichtmetallgehäuse, in dem 2 Klemmbackenpaare,

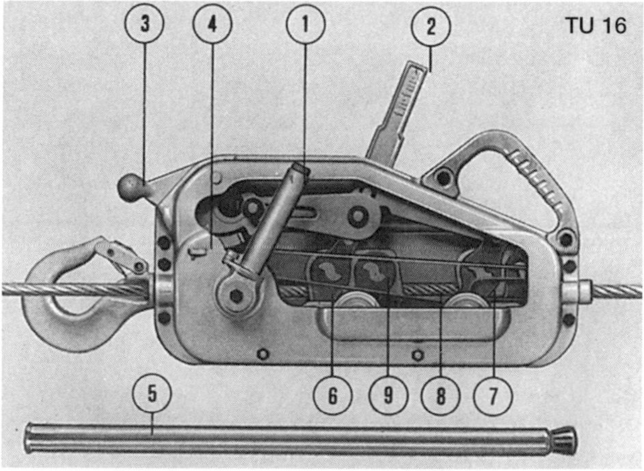

1 Vorschubhebel
2 Rückzughebel
3 Freischaltgriff
4 Drucktaste
5 Hebelrohr
6 + 7 Klemmbackenpaare
8 Greifzug-Seil
9 Klemmachse

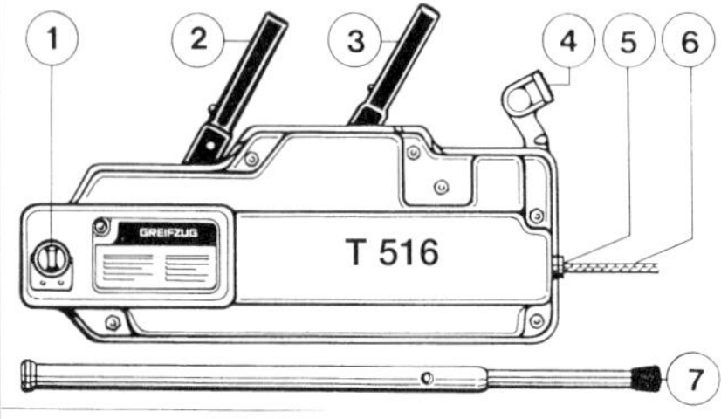

1 Sicherheits-Lastbolzen
2 Vorschubhebel
3 Rückzughebel
4 Freischaltgriff
5 Seileinführung
6 Zugteil
7 Hebelrohr

die Klemmachsen und ein Hebelmechanismus untergebracht sind. Die Bedienung erfolgt über den Vorschub- oder Rückzughebel mit aufsteckbarem Hebelrohr. Zur Seileinführung wird der Klemm-Mechanismus mit einem Freischaltgriff, der mit einer Arretierungsvorrichtung versehen ist, geöffnet.

Beim Greifzug wird das Seil nicht wie bei der Winde aufgetrommelt, sondern nach dem Froschklemmenprinzip durch das Gerät Zug um Zug hindurchgezogen. Die Klemmbackenpaare bewirken ein wechselweises Halten und Ziehen eines beliebig langen Zugseiles, wobei sich die Klemmkraft mit zunehmender Belastung erhöht. Zum Verankern des Greifzuges ist an den TU-Typen ein drehbar gelagerter Lasthaken angebracht, an den T-Typen ist hierzu ein Sicherheitslastbolzen vorhanden. Das vierlitzige Spezialseil ist an einer Seite hart verlötet und an der anderen Seite mit einem Lasthaken versehen. Alle Geräte sind durch Scherstifte am Vorschubhebel vor Überlast geschützt. Bei starker Überlastung werden die Scherstifte abgeschert, wodurch die Kraftübertragung vom Vorschubhebel auf das Hebelsystem der Klemmbacken unterbrochen wird. Ersatz-Scherstifte (im Vorschubhebel der TU-Typen bzw. im Freischaltgriff der T-Typen) lassen sich - auch bei belastetem Gerät - sehr einfach einsetzen. Ein Absenken/Nachlassen der Last ist in jedem Fall möglich.

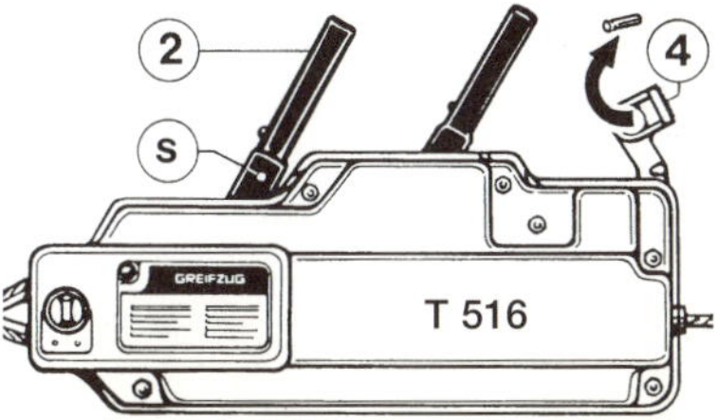

2 Vorschubhebel
S Scherstift
4 Freischaltgriff

ACHTUNG! Wirkt über das Zugseil auf den Greifzug eine kippende oder fallende Überlast ein, ist das Gerät durch die Überlastsicherung nicht geschützt .

Handhabung

- Der Greifzug wird mit einem Drahtseilstropp an einem sicheren Festpunkt verankert. Die T-Typen werden hierzu am Sicherheitslastbolzen, die TU-Typen am Lasthaken angeschlagen

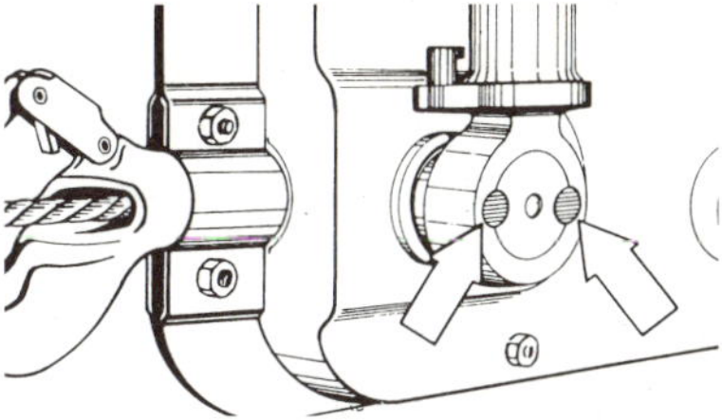

Scherstifte am TU 16

ACHTUNG! Der Greifzug muß sich in Zugrichtung ausrichten können. Nicht verkannten.

- Das Greifzug-Seil wird von der Hand- oder Trommelhaspel vollständig abgetrommelt

ACHTUNG! Das Seil keinesfalls seitlich abtrommeln, da hierbei eine unzulässige Spiralbildung (Kinken/Klanken) im Seil entsteht.

- Zur Seileinführung wird der Klemm-Mechanismus mit dem Schalthebel-Typ TU bzw. Freischaltgriff-Typ T geöffnet; die verlötete Seilspitze kann nun in die Seileinführungshülse gesteckt und das Seil durch das Gerät hindurchgeführt werden

ACHTUNG! Für freien Seilaustritt an der Geräteverankerung sorgen.

- Das Seil von Hand vorspannen und die Klemmvorrichtung schließen

- Den Lasthaken bzw. Sicherheitslastbolzen mit dem verwendeten Anschlagmittel verbinden

ACHTUNG! Lasthaken immer in seiner Kehle, nicht an der Hakenspitze belasten.

- Hebelrohr ausziehen, arretieren, auf den Vorschubhebel setzen, durch halbe Drehung sichern und über den gesamten Weg hin- und herbewegen

- Zum Senken/Nachlassen Hebelrohr auf Rückzughebel stecken, durch halbe Drehung sichern und von Anschlag zu Anschlag hebeln

- Zur Seilentnahme muß der Greifzug durch Betätigen des Rückzughebels entlastet werden, danach Gerät freischalten und Seil herausziehen.

ACHTUNG! Das Zugseil ist ein Spezialseil, bei dessen Nutzung folgende Hinweise zu beachten sind:

- Das Zugseil darf nicht zum Anschlagen der Last benützt und nicht über scharfe Kanten gezogen oder gespannt werden
- Das Umlenken des Zugseiles darf nur über entsprechende Seilrollen durchgeführt werden
- Beim Anheben einer freihängenden Last, ist diese so zu sichern, daß das Spezialseil nicht aufgedreht werden kann
- Beim Ablassen einer Last das Lastseil nicht bis zur Spitze ausnutzen; es sind ca. 5% (1,00 m) der Seillänge als Drallausgleich zu belassen.

Anwendungsmöglichkeiten

Die Abbildungen zeigen weitere verschiedene Anwendungsmöglichkeiten. Der Lasthaken des Zugseiles kann auch, wie dargestellt, am Widerlager (Anker) befestigt werden, so daß sich der Greifzug mit der Last am Zugseil entlang bewegt. So wie mit dem Greifzug Lasten bewegt werden können, kann er auch zum Sichern, Halten und Spannen eingesetzt werden. Durch entsprechendes Einscheren von Rollen in das Zugseil kann die Zugkraft des Greifzu-

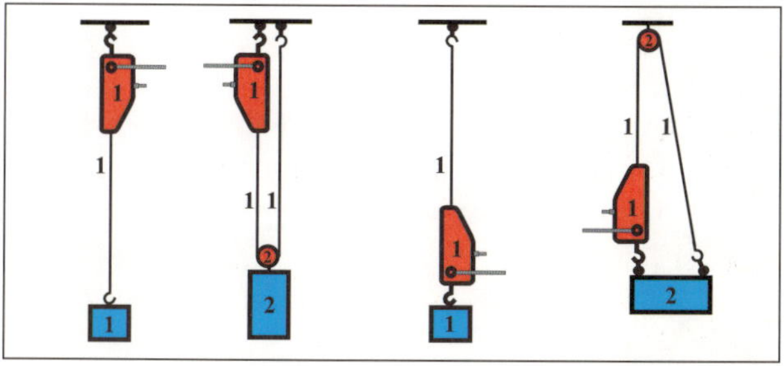

ges vervielfacht werden. Die Last wird dadurch auf mehrere Seilstränge verteilt. Siehe dazu auch „Anwendung von loser und fester Rolle“.

Nicht in jedem Fall muß der Greifzug mit einem Anschlagmittel verankert werden. Das Gerät (Typ T) kann auch mit der Seileinführungsseite auf ein entsprechendes Widerlager gesetzt werden.

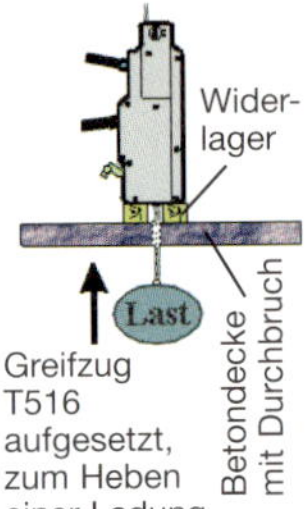

Greifzug T516 aufgesetzt, zum Heben einer Ladung

Ist am Einsatzort kein geeigneter Festpunkt zur Verankerung des Greifzuges oder einer Umlenkrolle vorhanden, kann, bei entsprechenden Verhältnissen, ein Erdanker eingesetzt werden; bieten die Bodenverhältnisse für die einzuschlagenden Erdnägel nicht genügend Festigkeit, sollten die Nägel an Fahrbahnkanten, Baumstupfwurzeln, einzugrabenden Querbalken (Toter-Mann-Anker) o.ä. eingetrieben werden; mit einem Erdanker-Ziehgerät lassen sich die Erdnägel relativ einfach wieder heraushebeln.

12.1.1.2. Die Trommelwinde

Da im Arbeitsbereich der Feuerwehr sowohl Trommelwinden als auch Treibscheibenwinden genutzt werden, sollen hier die wesentlichsten Unterschiede dargestellt werden.

Die Seilwinden-Entwicklung der vergangenen vierzig Jahre durchlief drei Generationen, die zu verschiedenen Bauarten der Seilwinden führten. Bis 1965 herrschten mechanisch angetriebene Trommelwinden mit Schneckengetriebe, Scherstift als Überlastsicherung und Montage vor der Kühlerhaube vor. Umkehrgetriebe ermöglichten zwei Drehrichtungen, es war jedoch keine Totmannschaltung vorhanden.

Von 1965 bis 1980 wurden hydraulisch angetriebene Trommelwinden mit Planetengetriebe, Überlastventil, stufenloser Geschwindigkeitsregelung und Totmannschaltung produziert. Der Einbau erfolgte im Heck des Fahrzeuges nach dem Prinzip der 3-Grad-Spulung.

Die Trommelwinde gehört zu den maschinellen Zugeinrichtungen. Sie wird hauptsächlich im Heck des Fahrzeuges eingebaut, um dem Seil im Rahmen des Fahrzeuges eine Führung geben zu können, die eine Aufspulung nach dem 3°-Prinzip ermöglicht. Das Seil wird auf eine Trommel mit zwei ausreichend hohen Bordscheiben in mehreren Lagen aufgetrommelt. Bei einer selbsttätigen Spulung muß die Breite der Trommel relativ klein gehalten sein, da sonst zum sauberen Aufspulen eine spezielle Seilführung in der Konstruktion notwendig wäre. Das Seilende ist an der Trommel befestigt, jedoch müssen vor der sicheren Inbetriebnahme mehrere Seilumschlingungen auf der Trommel vorhanden sein, um den notwendigen Reibschluß zwischen Trommel und Seil zu erhalten. Eine automatisch arbeitende Seilbremse sorgt dafür, daß das Drahtseil unter einer gewissen Vorspannung auf die Trommel aufgewickelt wird, auch wenn das Seil nicht belastet ist. Wird das Seil nun in mehreren Lagen aufgetrommelt, ergeben sich unterschiedliche Durchmesser.

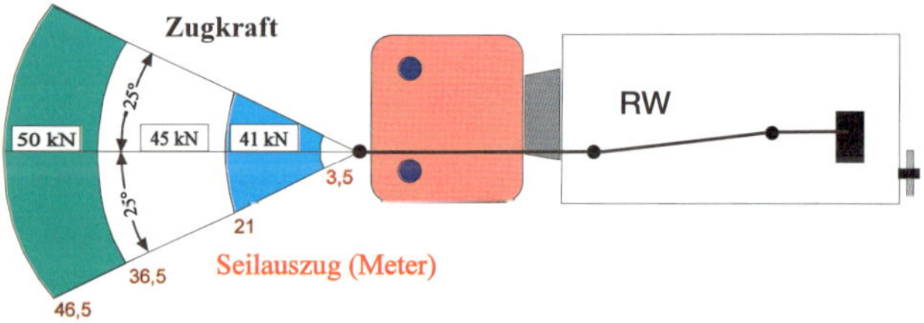

MERKE: Bei zunehmender Lagenzahl nimmt die Zugkraft ab, die Seilgeschwindigkeit wird erhöht!

Der Anwender muß also bei der jeweilig genutzten Seillänge die dabei mögliche Zugkraft beachten. Das mehrlagig getrommelte Seil unterliegt sehr großen Reib- und Quetschbelastungen. Unter Last ist das Einschneiden des Drahtseiles in untere Lagen möglich, wobei das Seil verklemmt und der Spulvorgang gestört wird.

Die Verwendung einer Propellerrolle am Bug des Fahrzeuges ermöglicht Schrägzug horizontal und vertikal zur Längsachse des Fahrzeuges bis 25°.

Hydraulische Trommelwinde HZ 051/2-58 (Fa. Rotzler) für Feuerwehrfahrzeuge (Beispiel)

• Zugkraft unterste (1.) Seillage	50 kN (5 t)
• Zugkraft oberste Seillage	ca. 35 kN (3,5 t)
• Windengetriebe Planet	zweistufig
• Hydr. Arbeitsdruck	ca. 150 bar

12.1.1.3. Die TREIBMATIC-Winde (Fa. Rotzler)

Ab 1980 wird die dritte und neueste Generation, die „TREIBMATIC" den Anwendern zur Verfügung gestellt. Die TREIBMATIC ist eine Weiterentwicklung der Spillkopfwinde zur Treibscheibenwinde.

Die Arbeitsweise der TREIBMATIC basiert auf dem Spillwindenprinzip. Sie besteht im wesentlichen aus zwei hintereinander angeordneten mehrrilligen Trommeln, die durch einen Hydraulikmotor angetrieben werden. Das Drahtseil wird über die beiden Spilltrommeln geschlungen. Die Zugkraft wird von den Spilltrommeln durch Reibkräfte auf das Seil übertragen. Die Rillung verhindert ein gegenseitiges Berühren der einzelnen Seilumschlingungen. Das in eine separate Speichertrommel ohne Spannung weitergeführte Seil legt sich dort an die Innenseite der Außenwand an und bringt die Speichertrommel zum Drehen. Da das Drahtseil ohne Vorspannung in die Speichertrommel einläuft, gibt es keine negativen Auswirkungen, wie z.B. Quetschungen innerhalb der Seilwindungen bzw. Seillagen oder hohen Verschleiß. Die TREIBMATIC bietet konstante Zugkraft und Seilgeschwindigkeit über die gesamte Seillänge, da das Seil nur einlagig um die Spillköpfe geschlungen wird. Dadurch, daß das Drahtseil immer an der gleichen Stelle der Winde austritt, ist keine 3-Grad-Spulung bzw. keine Zwangsspulung notwendig. Die TREIBMATIC bietet somit viel flexiblere Einbaumöglichkeiten.

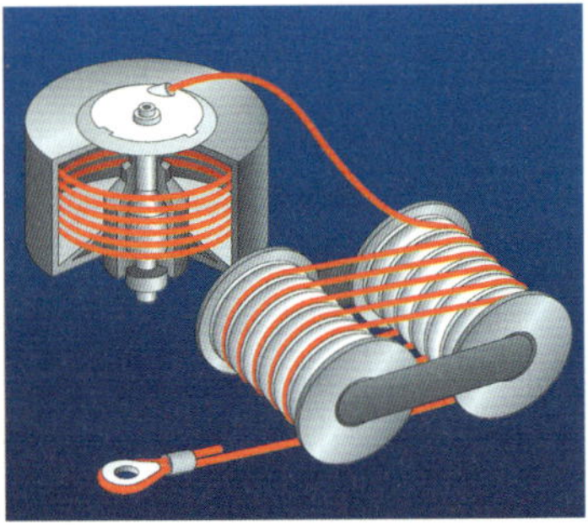

Die Bedienung der TREIBMATIC im Fahrerhaus ermöglicht einen schnellen und sicheren Einsatz, da alle Funktionen von hier überwacht und gesteuert werden. Zugkraftanzeiger und Kontrollampen zeigen den Betriebszustand an. Die Seilgeschwindigkeit ist hydraulisch stufenlos regelbar. Es kann zwischen zwei Gängen gewählt werden: 1. Gang: Langsam,

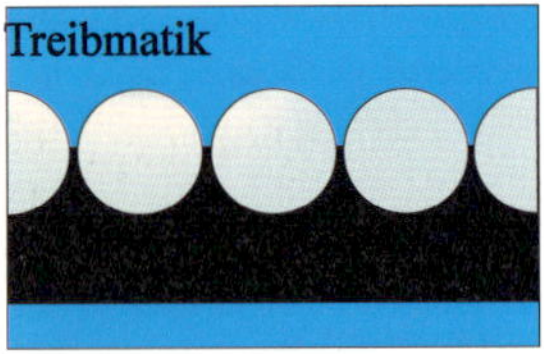

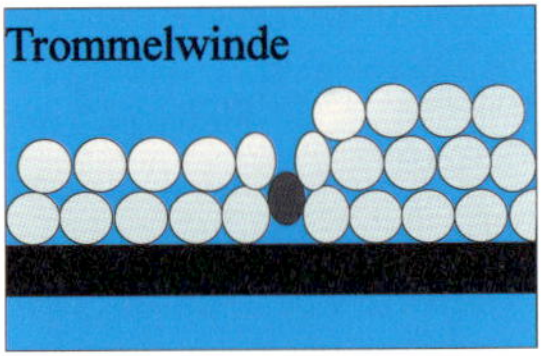

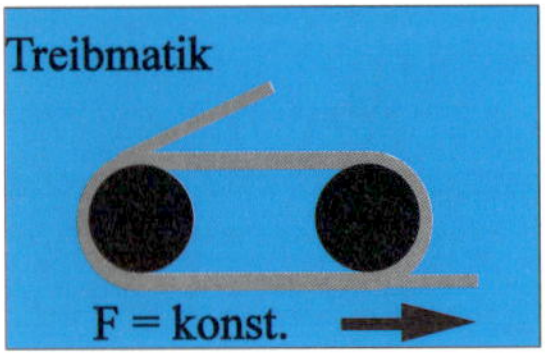

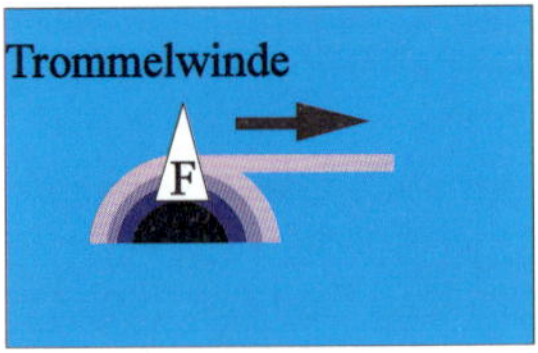

für Arbeiten mit Last, 2. Gang: Schnell, zum unbelasteten Ein- und Ausfahren des Seiles. Die Steuerfunktionen sind mit einer Totmannschaltung ausgerüstet. Ein Bremssystem gewährleistet, daß die Last in jeder Position sicher gehalten werden kann, garantiert ein kontrolliertes Ablassen der Last und ermöglicht ein ruckfreies Bremsen aller Lasten bis zur Nennlast. Ein hydr. Druckbegrenzungsventil sichert die Anlage gegen Überlast. In Rüstwagen mit festeingebautem Generator wird die Ölpumpe für die Seilwinde an das zweite Wellenende des Generators gesetzt. Das macht nur einen Nebenantrieb notwendig und ermöglicht bei Generatorbetrieb ein Zuschalten der Seilwinde ohne Stromunterbrechung. Die Verwendung einer Propellerrolle am Bug des Fahrzeuges ermöglicht Schrägzug horizontal zur Längsachse des Fahrzeuges bis 25°. Bodenhaftende Lasten können auf schiefer Ebene bis max. 45° Schräglage bewegt werden (siehe DIN 143584).

Propellerrolle

MERKE: Bei Schrägzügen über 25° wird der Fahrzeugrahmen übermäßig belastet und die Standfestigkeit des Fahrzeuges nicht mehr gewährleistet!

ACHTUNG! Werden die vorn und hinten am Fahrzeugrahmen befestigten Schäkel als Festpunkte (Widerlager) genutzt, so ist zu beachten, daß die Schäkel grundsätzlich paarweise zu belasten sind und für eine Zugkraft ausgelegt sind, die insgesamt der zulässigen Fahrzeug-Gesamtmasse entspricht.

(Technische Daten siehe Anlage Tabelle 15)

Handhabung

- Die Windenanlage darf nur von autorisiertem, ausgebildetem und eingewiesenem Personal bedient werden
- Fahrzeug immer in Zugrichtung aufstellen und mit speziellen Radvorlegern gegen Wegrutschen sichern, dazu die Vorderräder in Geradeausrichtung bringen
- Die TREIBMATIC kann das Seil nicht selbsttätig abspulen, eine zweite Person muß bei ausgelenktem Steuerknüppel das Drahtseil bis zum Anschlagpunkt (Anschlagmittel) herausziehen; Seilabspulen beenden, sobald rot eingefärbtes Seil an Propellerrolle erscheint bzw. der Überwachungsschalter „Seilende“ anspricht

ACHTUNG!

- Drahtseil nicht mit dem Fahrzeug abziehen
- Abschlepparbeiten (Drahtseil der MZE als Schleppverbindung und mit Fahrzeug rückwärts fahren) sind verboten
- Eine Last nur in der langsamen Geschwindigkeitsstufe „MIT LAST“ bewegen

- Von Schaltstellung „MIT LAST“ in Schaltstellung „OHNE LAST“ nur bei entlastetem Drahtseil schalten
- Bei Rüstwagen mit nur einem Nebenantrieb darf bei eingelegtem Nebenantrieb kein Fußgas gegeben werden.

- Um die Gebrauchsdauer des Seiles zu erhöhen, sollte es vor dem Befestigen an der Last 3 - 5 Umdrehungen gemäß Skizze zugedreht werden

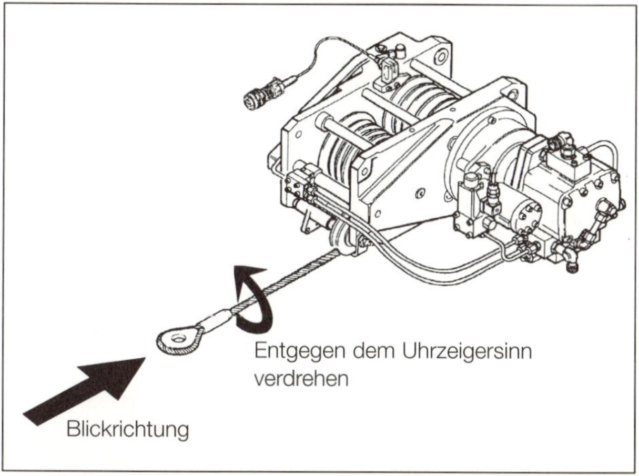

- Allgemein sollte, um den Seilverband zu verfestigen und somit die Lebensdauer des Drahtseiles zu erhöhen, nach 5 bis 6 Zügen (Einsätzen), auch wenn diese nicht über die gesamte Seillänge gezogen wurden, das Drahtseil komplett ausgefahren werden und unter Vollast wieder eingefahren werden

- Wurde das Drahtseil auf maximale Länge ausgefahren, so sind beim Wiedereinfahren des Seiles die ersten 2-3 Meter in geringer Seilgeschwindigkeit einzufahren, um eine bessere Ablage des Drahtseiles in der Speichertrommel zu erreichen.
- An der gesamten Windenanlage ist nach jedem Einsatz eine Sichtkontrolle durchzuführen

ACHTUNG! Das Zugseil ist ein Spezialseil, bei dessen Nutzung folgende Hinweise zu beachten sind:

- Das Zugseil darf nicht zum Anschlagen der Last benützt und nicht über scharfe Kanten gezogen oder gespannt werden
- Grob verschmutzte Seile vor dem Aufspulvorgang reinigen
- Das Zugseil darf keine scharfen Umlenkungen erfahren
- Das Drahtseil ist nach jedem Einsatz auf Einzeldrahtbrüche bzw. Verformung zu überprüfen
- Ruckartige Bewegungen auf das Seil und die Windenanlage durch Kippen (Umfallen) sind zu vermeiden
- Durch entsprechendes Anschlagen des Seiles der Zugeinrichtung an der Last sicherstellen, daß sich das Seil nicht um seine Längsachse verdrehen kann; die Verwendung von Drehwirbel oder loser Rolle mit drehbarem Lasthaken sind verboten

- Zugseile von Treibscheibenwinden nur mit vom Hersteller der Winde vorgeschriebenen Schmiermitteln nachfetten, da herkömmliche Mittel den Reibschluß und damit die Zugkraft beeinträchtigen.

12.1.2. Anschlagmittel

Anschlagmittel im Sinne der Unfallverhütungsvorschrift GUV 4.6 sind nicht zum Hebezeug gehörende Einrichtungen, die eine Verbindung zwischen Tragmittel und Last oder Tragmittel und Lastaufnahmemittel herstellen. Zu den Anschlagmitteln gehören z.B. Hakenketten, Hakenseile, Hebebänder, Rundschlingen, Seilgehänge, ferner lösbare Verbindungsteile, z.B. Schäkel und andere Zubehörteile. Bei der Feuerwehr kommen hauptsächlich folgende Anschlagmittel zur Anwendung:

Anschlagseile als Stahldraht-, Naturfaser- und Chemiefaserseile;

Anschlagketten in verschiedenen Güteklassen;

Textile Anschlagmittel als Rundschlingen und Hebebänder.

12.1.2.1. Allgemeine Bestimmungen

Belastbarkeit der Anschlagmittel

Anschlagmittel dürfen nicht über ihre Tragfähigkeit hinaus belastet werden!

Werden Anschlagmittel nicht in gerader Linie zwischen Last und Zugeinrichtung angeschlagen, sondern in einem Winkel, so werden die einzelnen Stränge bei gleichbleibendem Gewicht der Last durch zusätzliche Spannung höher belastet. Der Winkel zwischen schräger und gerader Zugrichtung wird als **Neigungswinkel** bezeichnet.

Der Winkel zwischen zwei Strängen wird als **Spreizwinkel** bezeichnet.

ACHTUNG! Je größer der Neigungswinkel, desto größer der Verlust an Tragfähigkeit.

Der Neigungswinkel darf bei Seilen, Ketten und Hebebändern 60° nicht überschreiten!

Bei einem Neigungswinkel von 0° beträgt die Tragfähigkeit 100%.

Wird ein Anschlagmittel mit einem Neigungswinkel bis 45° belastet, so beträgt die Tragfähigkeit nur noch ca.

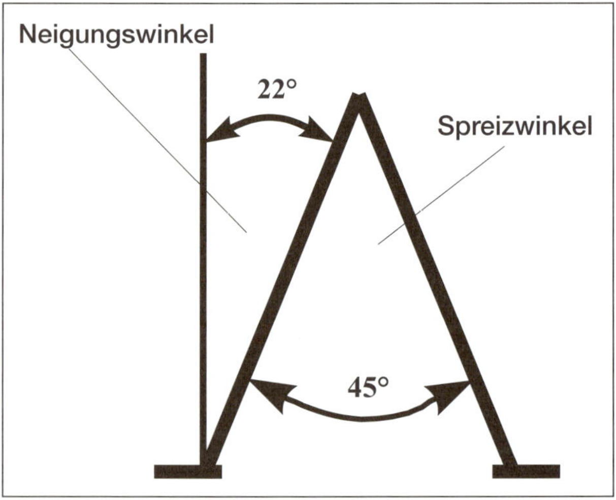

70%, mit Neigungswinkel von 45° bis 60° beträgt die Tragfähigkeit nur noch ca. 50%. Die Tragfähigkei der Anschlagmittel wird in Tabellen entsprechend der Stärke, der Anschlagsart, der Strangzahl und des zutreffenden Neigungswinkels angegeben. Die Tabellenangaben sind üblicherweise unterteilt in Belastbarkeit der Anschlagmittel bei Neigungswinkel von 0° bis 45° und Neigungswinkel von 45° bis 60°.

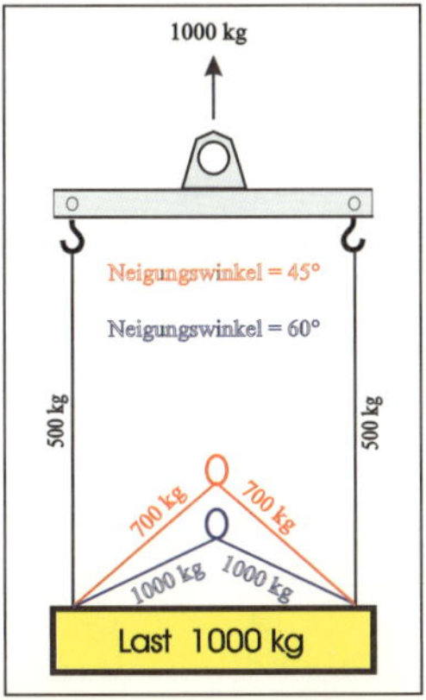

ACHTUNG!

- Beim Anschlagen mit mehreren Strängen dürfen nur zwei Stränge als tragend angenommen werden; dies gilt nicht, wenn sicher gestellt ist, daß sich die Last gleichmäßig auch auf weitere Stränge verteilt oder bei ungleicher Lastverteilung die zulässige Belastung der einzelnen Stränge nicht überschritten wird; eine ungleiche Lastverteilung kann z.B. bei asymmetrischen Lasten oder wenn der Lastschwerpunkt nicht mittig liegt, auftreten
- Beim Anschlagen im Schnürgang dürfen Anschlagmittel mit höchstens 80% der Tragfähigkeit belastet werden
- Die Tragfähigkeit eines Anschlagseiles nimmt ab, wenn der Seilbiegungsdurchmesser weniger als das 6 fache des Seildurchmessers beträgt.

Bemessung der Anschlagmittel

Anschlagmittel müssen für die bei bestimmungsgemäßer Verwendung auftretenden Beanspruchungen bemessen sein.

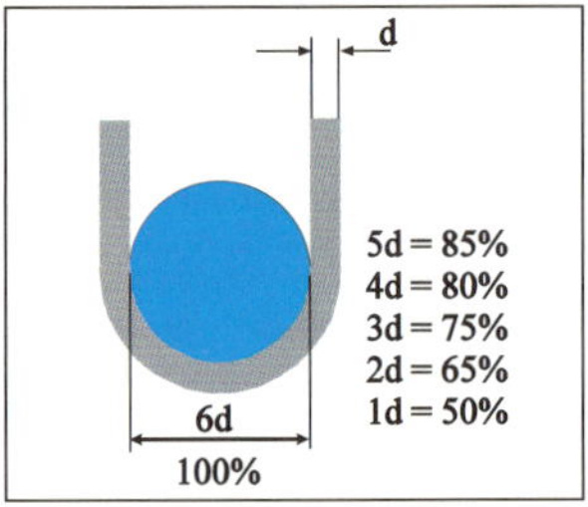

MERKE:

- Anschlagseile im Hebezeugbetrieb sind so bemessen, daß die zulässige Zugkraft im Seil höchstens $^1/_6$ der Mindestbruchkraft beträgt
- Rundstahlketten im Hebezeugbetrieb sind so bemessen, daß die zulässige Zugkraft in der Kette höchstens $^1/_4$ der Mindestbruchkraft beträgt
- Hebebänder aus synthetischen Fasern sind so bemessen, daß die zulässige Zugkraft im Hebeband höchstens $^1/_8$ der Mindestbruchkraft beträgt.

Kennzeichnung der Anschlagmittel

An Anschlagmitteln muß die Tragfähigkeit deutlich erkennbar und dauerhaft angegeben sein. Bei Anschlagseilen, -ketten und -bändern muß die Angabe der Tragfähigkeit mindestens für einen Neigungswinkel von 60° vorhanden sein. Die Kennzeichnung erfolgt durch Anbringung von Anhängern bei Seilen und Ketten, sowie Etiketten bei Hebebändern entsprechend der jeweiligen DIN-Norm.

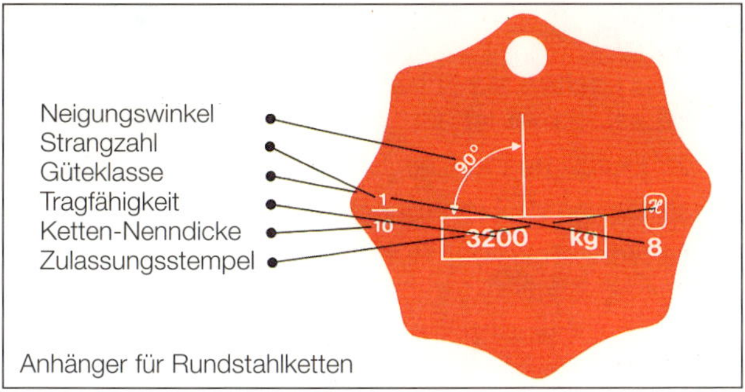

Anhänger für Rundstahlketten

Schutz vor Beschädigungen

Zur Vermeidung von Schäden, welche die Tragfähigkeit der Anschlagmittel beeinträchtigen, sind unter anderen folgende Bestimmungen zu beachten:

- Seile, Ketten und Hebebänder dürfen nicht über scharfe Kanten von Lasten gespannt oder gezogen werden

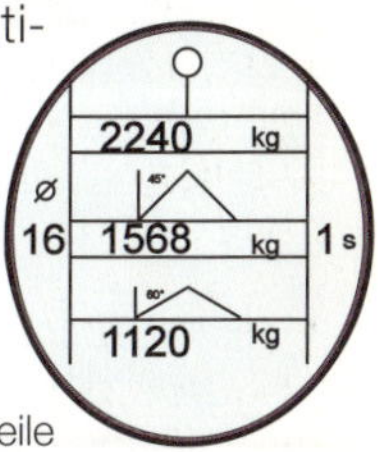

Anhänger für Drahtseile

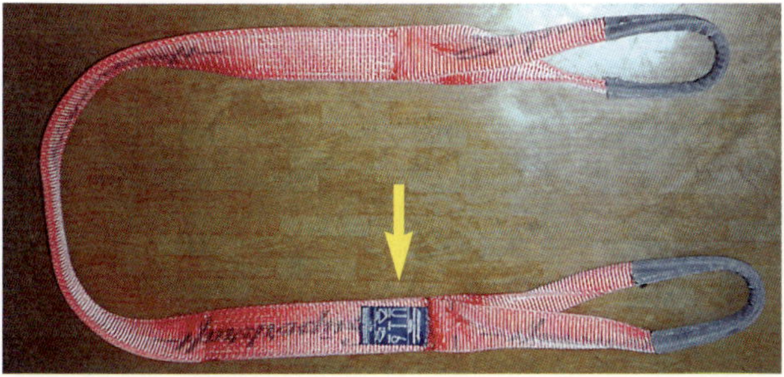
Etikett für Hebebänder

MERKE:
Kanten gelten als scharf, wenn der Kantenradius der Last kleiner ist als:

- der Durchmesser des Seiles,
- die Dicke des Hebebandes,
- die Nenndicke der Rundstahlkette.

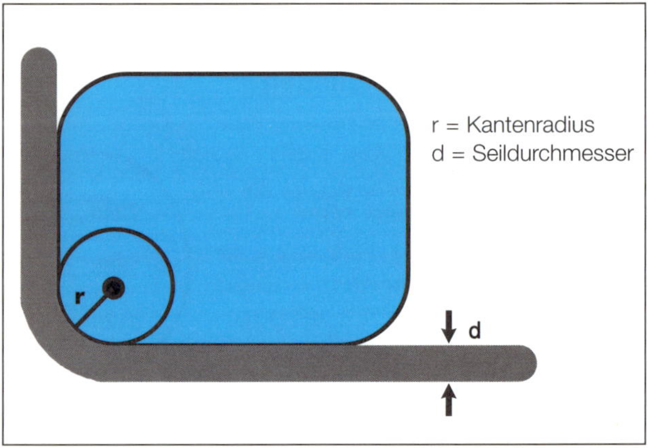

ACHTUNG! Durch die Umlenkung von Anschlagmitteln an scharfen Kanten der Last ergibt sich eine unzulässige Verminderung der Tragfähigkeit. Ferner können an Seilen und Hebebändern durch scharfe Kanten Schäden verursacht werden. Gegebenenfalls ist das Anschlagmittel durch einen Kantenreiter zu schützen.

- Seile dürfen durch Verdrehen nicht verspannt werden
- Stahldrahtseile, Rundstahlketten und Hebebänder dürfen nicht geknotet werden
- Verdrehte Ketten sind vor dem Anheben auszudrehen

Kantenreiter

- Bei Anschlagketten und -seilen, die mehrfach um eine Last geschlungen werden, müssen die Windungen dicht nebeneinander liegen. Die Windungen dürfen sich nicht kreuzen
- Hebebänder müssen so um die Last gelegt werden, daß sie mit ihrer ganzen Breite tragen
- Lasthaken dürfen nicht auf der Spitze belastet werden.

12.1.2.2. Stahldrahtseile

Ein Stahldrahtseil ist ein Bündel mehrerer dünner, biegsamer Stahldrähte, die auf verschiedenste Weise miteinander verdreht, (verseilt) sind. Die Konstruktion richtet sich nach dem Verwendungszweck; sie wird in einer Zifferngruppe angegeben. Erste Zahl = Anzahl der Litzen, zweite Zahl = Anzahl der Drähte, dritte Zahl = Anzahl der Einlagen.

Der Durchmesser von Anschlagseilen aus Stahldraht muß mindestens 8 mm, aus Natur oder Chemiefasern mindestens 16 mm betragen!

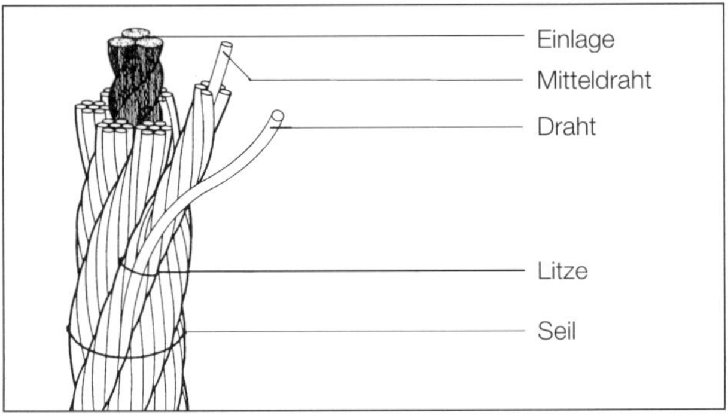

Die Seile werden hauptsächlich in drei Arten hergestellt:

Spiralseile oder Litzen werden durch das Verseilen einer oder mehrerer Lagen Einzeldrähte um die Einlage gefertigt; da diese Seile sehr formstabil sind, werden sie für Verspannungen oder als Betätigungsseile verwendet

Litzenseile bestehen aus mehreren Litzen, die in einer oder in mehreren Lagen schraubenlinienförmig um die Einlage verseilt sind; sie sind flexibler als Spiralseile und werden meist als Anschlagseile oder Kran- und Windenseile eingesetzt

Kabelschlagseile bestehen aus mehreren Litzenseilen, die schraubenlinienförmig um eine Stahldraht- oder Fasereinlage verseilt sind; sie sind sehr geschmeidig und als Anschlagseile für große Lasten geeignet; sie haben trotz einer wesentlichen höheren Zahl von Einzeldrähten eine geringere Tragfähigkeit als Litzenseile, sind jedoch durch die dünneren Einzeldrähte flexibler.

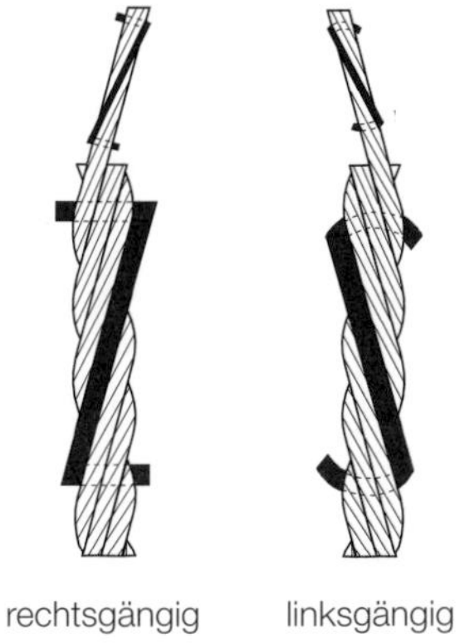

Gleichschlag

Bei der Herstellung der Litzenseile und Kabelschlagseile unterscheidet man zwischen **Kreuzschlag**, rechts- oder linksgängig, und **Gleichschlag**, rechts- oder linksgängig.

Für Zugeinrichtungen werden Seile in besonderer Konstruktion mit einer speziellen Art der Verseilung hergestellt. Diese Seile drehen sich unter Belastung nicht bzw. nur wenig um ihre Längsachse.

Da die Seile bei jedem Lastspiel von Hand abgezogen werden müssen und die Zugeinrichtungen mit einer Sicherung gegen Überlast versehen ist, sind hier Seildurchmesser erlaubt, die nur eine 3-fache rechnerische Bruchkraft aufweisen. Sie sind auf die jeweilige Zugeinrichtung abgestimmt.

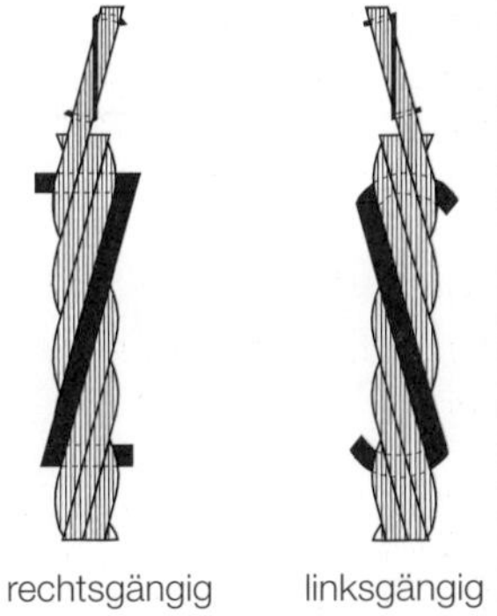

Kreuzschlag

Seilschlagarten	
Kreuzschlag rechts- oder linksgängig	**Gleichschlag** rechts- oder linksgängig
• die Drähte werden in den Litzen in entgegengesetzter Richtung wie die Litzen zum Seil verdreht • Kreuzschlagseile haben geringere Neigung zum Verdrehen und Aufspringen und sind haltbarer gegen Druck und Verformung • durch Kreuzschlag besteht höherer Reibungsverschleiß • sie sind bei gleicher Konstruktion weniger biegsam als Gleichschlagseile	• die Drähte haben in den Litzen und die Litzen im Seil die gleiche Drehrichtung • in Gleichschlagseilen entsteht unter Belastung ein erhebliches Drehmoment, das besonders auf die Endbefestigungen (Kauschen, Schlaufen) der Seile wirkt • sie sind bei gleicher Konstruktion biegsamer und haben größere Standzeiten gegenüber Abnutzung durch Reibung als Kreuzschlagseile • bei Gleichschlagseilen können durch Quetschungen Verformungen auftreten

Anschlagseil-Formen nach DIN 3088

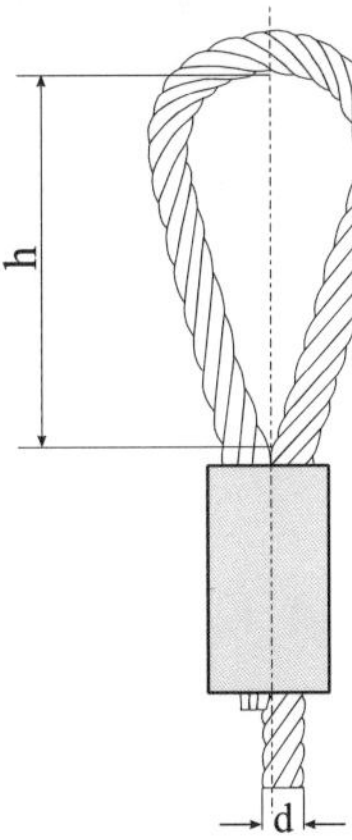

gepreßt (P)

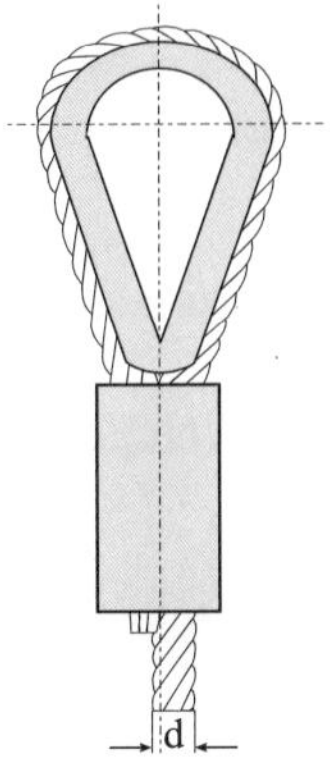

gepreßt mit Kausche (PK)

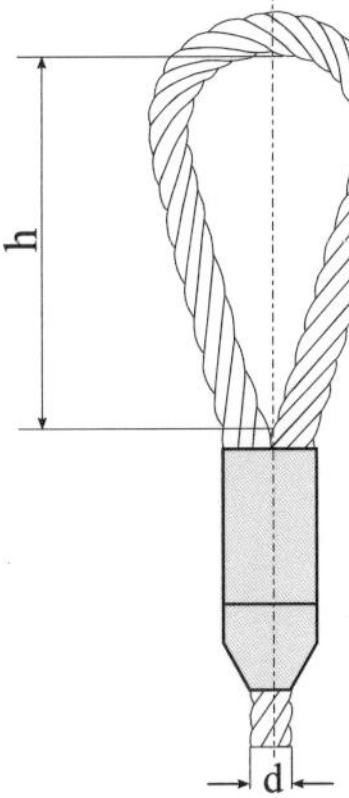

Flämisches Auge (PF)

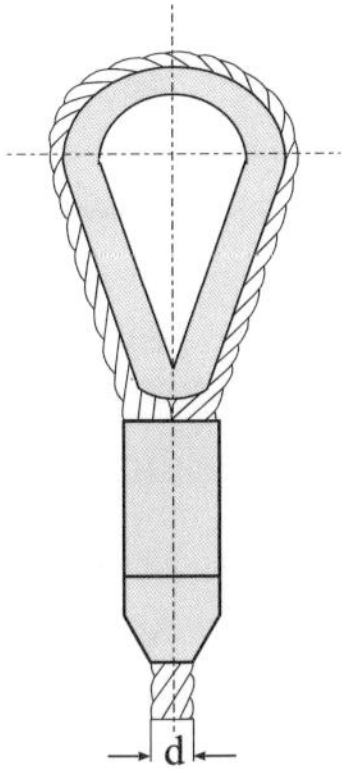

Flämisches Auge
mit Kausche (PK)

Seilendverbindungen

An den Anschlagseilenden sind verschiedene Formen von Schlaufen durch Verpressen mit Aluminiumhülsen oder durch Verspleißen angearbeitet. Diese Seilendverbindungen sollten mit Kauschen versehen sein, da sonst bei der Belastung sehr kleine Biegeradien in den Schlaufen entstehen, die zur Zerstörung des Seiles führen.

ACHTUNG! Seilendverbindungen dürfen nicht an Kanten der Last abgeknickt werden.

Kauschen und Seilösen müssen auf dem Lasthaken frei beweglich sein.

Tragfähigkeit

Die Angaben der Tabelle 16 (Siehe Anlage) beziehen sich auf die Anschlagseilart N (Rundlitzenseil mit Fasergarneinlage)

Stahldrahtseile können in einem Temperaturbereich von -60°C bis +100°C mit 100% der Tragfähigkeit eingesetzt werden. Für Temperaturen über 100°C gibt die Tabelle17 (Siehe Anlage) in Abhängigkeit vom Seiltyp die verbleibende Tragfähigkeit an.

Betriebssicherheit

Beurteilung nach folgenden Kriterien:

- Art und Anzahl der Drahtbrüche
- Lage der Drahtbrüche
- Zeitliche Folge des Auftretens von Drahtbrüchen

- Verringerung des Seildurchmessers
- Korrosion
- Abrieb
- Seilverformungen
- Hitzeeinwirkung (erkennbare Anlauffarben).

MERKE:
Soll durch die Öse eines Anschlagseiles P, oder PF ein Bolzen oder Haken gesteckt werden, so dürfen Bolzendurchmesser bzw. Hakenbreite max. $^1/_3$ h betragen (siehe Seite 195).

Ablegereife

Die Ablegereife gibt an, wann, bezogen auf den Umfang der Schädigung, ein Drahtseil abgelegt werden muß.

Die Ablegereife eines Drahtseiles ist erreicht, wenn bei einer Sichtkontrolle folgende Mängel festgestellt werden:

- Korkenzieherartige Verformung
- Korb-, Schlaufen- oder Knotenbildung
- Lockerung der äußeren Lage in der freien Länge
- Knicke und Kinken = Klanken = knotenähnliche Verdrehungen im Seil
- Quetschungen oder Abplattungen in der freien Länge
- Einschnürungen (Durchmesserverkleinerungen des Drahtseiles auf kurzen Strecken)

- Quetschungen im Auflagebereich der Öse mit mehr als 4 Drahtbrüchen bei Litzenseilen bzw. mehr als 10 Drahtbrüchen bei Kabelschlagseilen
- Korrosionsnarben
- Beschädigung oder starker Verschleiß der Seilverbindungen oder Seil-Endverbindungen
- Verringerung des Seildurchmessers um 15% auf längere Strecken
- Drahtbrüche in großer Zahl oder Bruch einer Litze.

Drahtbrüche in großer Zahl liegen vor, wenn nachstehend genannte Anzahl festgestellt wird (d= Seil Ø)

Seilart	Anzahl sichtbarer Drahtbrüche auf einer Länge von		
	3d	6d	30d
Litzenseil	4	6	16
Kabelschlagseil	10	15	40

Das Drahtseil muß abgelegt werden, wenn die Verformung x an der ungünstigsten Stelle $^1/_3$ d oder größer ist (d = Durchmesser). Die Verformung ist ohne Last zu messen, aber mit dem Gewicht des Tragmittels, wenn es kleiner ist als 30% der Tragfähigkeit.

Bei Korbbildung muß das Drahtseil abgelegt werden

Bei erheblicher Veränderung des Seilverbandes durch die Schlaufenbildung von Drähten muß das Drahtseil abgelegt werden.

Abplattungen führen zu erhöhtem Auftreten von Drahtbrüchen.

Drahtseile mit einer oder mehreren Klanken sind abzulegen.

Drahtseile mit Knicken sind abzulegen.

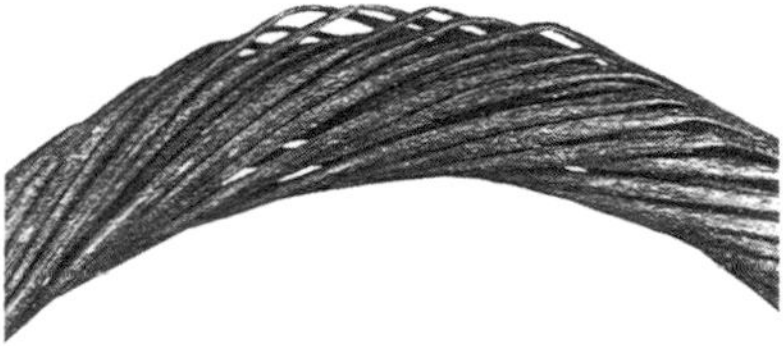

Bei durch Rost oder Abrieb verursachten Drahtlockerungen muß das Drahtseil abgelegt werden. Bei anderer Ursache der Lockerung sind die als Folgeschäden auftretenden Drahtbrüche für die Ablegereife entscheidend.

Beim Vorhandensein von Knoten führt das Drahtseil Zusatzbewegungen aus. Drahtseile mit starker Knotenbildung müssen abgelegt werden.

Drahtseile mit starker Einschnürung sind abzulegen.

12.1.2.3. Rundstahlketten

Bei der Feuerwehr kommen Rundstahlketten hauptsächlich als Zugketten in Verbindung mit hydraulischen Rettungsgeräten oder als Anschlagketten zum Einsatz. Anschlagketten sind gegenüber Stahldrahtseilen weitaus beweglicher und unempfindlicher. Als längeres Anschlagmittel wirkt sich jedoch ihr höheres Gewicht nachteilig aus. Rundstahlketten werden in verschiedenen Güteklassen hergestellt. Sie werden unterschieden in:

- Ketten der Güteklasse 2 = Normalgüte
- Ketten der Güteklasse 5, 6 und 8 = hochfest.

Alle Rundstahlketten müssen den Forderungen der „DIN 685 geprüfte Ketten" entsprechen. Die Güteklasse einer Kette ist durch einen Prägestempel auf den Kettengliedern und auf dem Anhänger ersichtlich.

ACHTUNG! Die Zugketten hydraulischer Rettungsgeräte sind den Zugkräften der Rettungsgeräte zugeordnet, die Tragfähigkeit ist nicht durch einen Anhänger gekennzeichnet. (Sie sind aus hochfestem Material und mit Prägestempel der Güteklasse 8 auf den Kettengliedern gekennzeichnet)

Ketten ohne Anhänger dürfen ansonsten nur wie Ketten in Normalgüte belastet werden.

Bei Einsätzen der Feuerwehr sollten ausschließlich hochfeste, der Güteklasse 8 entsprechende Ketten, verwendet werden. Die Anschlagketten können einsträngig bis vierstängig ausgeführt sein.

Tragfähigkeit

Die Kettenglieder werden auf Zug beansprucht. Zulässige Belastung von Anschlagketten der Güteklasse 8, siehe Anlage Tabelle 18.

ACHTUNG!

- Bei ungleichen Neigungswinkeln besteht ungleiche Lastverteilung, dann darf die Tragfähigkeit der einzelnen Stränge nicht überschritten werden
- Lasthaken nicht in Kettenglieder einhängen, sondern um die Kette haken.

Tragfähigkeit von Ketten der Güteklasse 8 unter Berücksichtigung der Kettentemperaturen:

- von -40 bis + 200°C = 100%
- über 200 bis 300°C = 90%
- über 300 bis 400°C = 75%.

Ablegereife

Werden bei einer Sicht- und Funktionsprüfung an Rundstahlketten nachfolgende Mängel festgestellt, dürfen sie nicht mehr verwendet werden:

- Bruch oder Verformung eines Kettengliedes
- Anrisse oder die Tragfähigkeit beeinträchtigende Korrosionsnarben
- Abnahme der gemittelten Glieddicke an irgendeiner Stelle um mehr als 10% der Nenndicke
- Längungen des äußeren Nennmaßes um mehr als 3% (eine Längung des äußeren Nennmaßes um 3% entspricht einer Längung um 5%, wenn man die Längung auf die Teilung von 3 d bezieht).

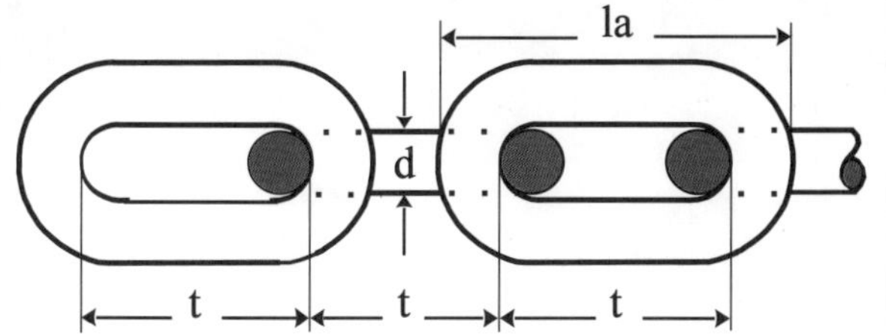

d = Nenndicke t = Teilung (= 3d) la = äußeres Nennmaß

12.1.2.4. Hebebänder aus synthetischen Fasern

Waren es früher ausnahmslos Seile und Ketten, die zum Bewegen von Lasten verwendet wurden, so werden heute mehr und mehr textile Anschlagmittel eingesetzt. Sie werden aus Polyamidgarnen oder Polyestergarnen hergestellt und müssen licht- und formstabilisiert sein. Mann unterscheidet zwei Herstellungsarten: **Hebeband gewebt** und **Hebeband gelegt.**

Ein **Hebeband gewebt** ist ein Gurtband, welches ein- oder zweilagig mit oder ohne eingearbeiteten Verstärkungen zu einem Schlaufen- oder Endlos-Hebeband (auch Bandschlinge) mit bestimmter Tragkraft hergestellt ist. An den Enden können Schlaufen oder andere Anschlagmöglichkeiten, wie Bügel, Haken usw. angebracht sein.

Ein **Hebeband gelegt** ist aus parallel verlaufenden Faserbündeln, welche durch ein- oder zweilagiges Schlauchmaterial ummantelt sind, hergestellt. An den Enden sind entsprechende Anschlagmittel angebracht. Ein Hebeband gelegt kann auch als endlose **Rundschlinge** hergestellt werden. Sie besteht aus endlosen parallel verlaufenden Faser-

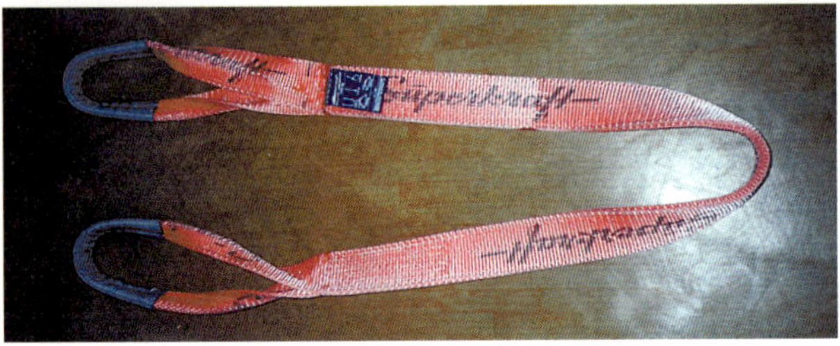

Schlaufenhebeband gewebt

bündeln, die mit ein- oder zweilagigem Schutzmantel ummantelt sind.

Im Vergleich zu Stahlseilen und Ketten haben textile Anschlagmittel eine Reihe von Vorteilen:

- Längere Standzeit
- Hohe Tragfähigkeit
- Leichte Handhabung
- Schonendes Anschlagen von Lasten
- Gutes Anschmiegen an die Last
- Hohe Abriebfestigkeit

Polyester hat eine relative Resistenz gegen Säuren, Polyamid ist relativ beständig gegen Laugen

Geschlossene Oberfläche (Schutz gegen Verschmutzung).

Tragfähigkeit

Die Tragfähigkeit der Hebebänder und Rundschlingen verändert sich entsprechend der Anschlagsart und des Neigungswinkels um den jeweiligen **Lastanschlagfaktor.** (Siehe Anlage Tabellen 19 und 19a)

Lastanschlagfaktoren (LA)

für 1 Anschlagmittel

LA = 1,0

LA = 2,0

β > 7 ≤ 45° LA = 1,4
β > 45 ≤ 60° LA = 1,0

LA = 0,8

β > 7 ≤ 45° LA = 0,7
β > 45 ≤ 60° LA = 0,5

für 2 Anschlagmittel

β > 7 ≤ 45° LA = 1,4
β > 45 ≤ 60° LA = 1,0

β > 7 ≤ 45° LA = 1,12
β > 45 ≤ 60° LA = 0,80

ACHTUNG!
Chemiefaserhebebänder,

- die zum Anschlagen im Schnürgang bestimmt sind, müssen mit verstärkten Endschlaufen versehen sein
- können in einem Temperaturbereich von -40°C bis +80°C mit 100% belastet, dürfen bei Temperaturen unter -40°C und über +80°C nicht mehr eingesetzt werden
- sind ab einer Tragfähigkeit von 1000 kg genormt, über 10000 kg einheitlich orange gefärbt.

Hebeband gelegt

Ablegereife

Werden an Chemiefaserhebebändern folgende Mängel festgestellt, müssen sie abgelegt werden:

- Beschädigungen der Webkanten oder des Gewebes und Garnbrüche in großer Zahl, z.B. mehr als 10% der Gesamtgarnzahl im am stärksten beschädigten Querschnitt
- Starke Verformung infolge von Wärme, z.B. durch innere oder äußere Reibung, Wärmestrahlung
- Beschädigung der tragenden Nähte
- Schäden infolge Einwirkung aggressiver Stoffe

- Beschädigung der Ummantelung oder ihrer Vernähung bei Bändern aus endlos gelegten Chemiefasern
- Fehlen des Etiketts bzw. unleserliche Beschriftung.

12.1.2.5. Schäkel

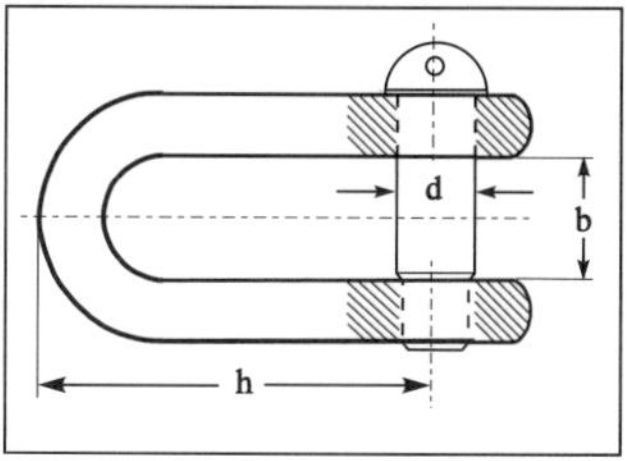

Schäkel dienen zum Verbinden oder Verlängern von Anschlag-, Zug- und Tragmitteln sowie zum Anschlagen derselben an Hebezeuge oder Verankerungen. Der Schäkel besteht aus dem U-förmigem Bügel und dem Bolzen, der durch Einschrauben in den Bügel gesichert ist. Die genormten Schäkel werden aus Baustahl (Rst42-2 bzw.St50-2) oder Vergütungsstahl (C22 bzw. C35) hergestellt. Sie sind am Bügel mit der Nenngröße und der zulässigen Belastung in t gekennzeichnet. Die DIN benennt verschiedene Formen, wobei die Feuerwehr hauptsächlich die Form A verwendet.

Zunehmend werden aber auch Schäkel aus hochfestem Werkstoff (Vergütungsstahl C45) eingesetzt, da sie bei höherer Belastbarkeit geringeres Gewicht aufweisen.

Zulässige Belastung

Die nachfolgenden Tabellen stellen mit ihren Beispielen einen Vergleich dar!

Zulässige Belastung von Schäkeln in Normalgüte

Nenngröße Form A DIN 82101	zulässige Belastung kg	d	b	h	Gewicht kg/Stück
1,6	1600	20	27	90	0,75
3	3150	27	38	123	1,8
5	5000	36	47	162	3,9
10	10000	48	66	216	10,0

Zulässige Belastung von Schäkeln in hochfester Güte

Nenngröße Form A DIN 82101	zulässige Belastung kg	d	b	h	Gewicht kg/Stück
1,5	1500	13	18	47	0,19
3,2	3250	19	27	67	0,55
4,7	4750	22	32	79	0,96
9,5	9500	32	46	119	2,97

ACHTUNG!

- Schäkel dürfen nur am Bolzen und Bügelbogen belastet werden; eine seitliche Belastung der Bügel ist verboten
- Werden auf den Fahrzeugen Schäkel verschiedener Güte mitgeführt, besteht die Gefahr der Verwechslung

- Die zulässige Belastung der Schäkel darf nicht überschritten werden
- Der Schäkelbolzen ist bis zum Anschlag einzudrehen und danach um ca. eine Vierteldrehung zu lösen, es wird dadurch ein Verklemmen des Bolzens im Schäkelauge vermieden
- Das Gewinde der Schäkelbolzen- und Augen sauber halten und leicht einfetten!
- stark beschädigte Schäkel sind auszusondern.

12.2. Pflege und Wartung

Greifzug

Möglichst vor jedem Arbeitsbeginn und im Verlauf längerer Arbeiten reichlich schmieren. Dazu Greifzug-Öl oder nicht zu dünnflüssiges Moteröl auf die Klemmschlösser spritzen. Dabei Vorschub- und Rückzughebel bewegen.
Zuviel Öl schadet dem Gerät in keiner Weise, behebt aber die meisten Betriebsstörungen!

Eine **einfache Reinigung** sollte in einem Dieselbad erfolgen, anschließend reichlich ölen. Zur **gründlichen Reinigung** Gehäuse öffnen und groben Schmutz mit Preßluft ausblasen. Mit Reinigungsmitteln auswaschen, trocknen lassen, reichlich schmieren und zusammen bauen. Das Gerät ist jährlich von einer fachkundigen Person zu überprüfen.

Anschlagmittel

- Es dürfen nur von einem Sachkundigen geprüfte und mängelfreie Anschlagmittel in Betrieb genommen werden

- Nach jedem Einsatz ist eine Sichtprüfung durchzuführen
- Anschlagmittel müssen in Abständen von längstens einem Jahr durch einen Sachkundigen geprüft werden.
- Bei hoher Beanspruchung (häufiger Einsatz, erhöhter Verschleiß, bei Korrosion oder Hitzeeinwirkung) können Prüfungen in kürzeren Abständen erforderlich sein
- Rundstahlketten müssen darüber hinaus nach drei Jahren einer Prüfung auf Rißfreiheit unterzogen werden
- Hebebänder mit vulkanisierter Umhüllung müssen nach längstens drei Jahren auf Drahtbrüche und Korrrosion überprüft werden
- Drahtseile sind nach jedem Gebrauch zu reinigen und mit säurefreiem Fett in trockenem Zustand zu schmieren
- Gebrochene Einzeldrähte können dicht am Seil abgeschnitten werden
- Zweckmäßigerweise werden Anschlagseile in Gestellen hängend aufbewahrt. In Fahrzeugen sind sie üblicherweise in Tragekassetten eingerollt.

12.3. Unfallverhütung

MERKE: Alle nicht benötigten Einsatzkräfte verbleiben beim einem Zugvorgang in einer Entfernung des **1,5 fachen der erforderlichen Zugseillänge!**

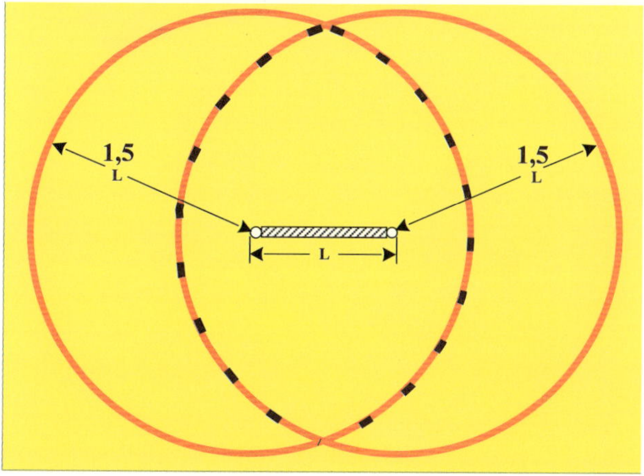

Gefahrenbereiche bei Seilriß

- In besonders gefährdeten Bereichen dürfen sich grundsätzlich keine Personen aufhalten
- Die Bedienperson hat während des Windenbetriebes die Bewegungen der Last sowie den ganzen Gefahrenbereich zu beobachten; in unübersichtlichen Situationen ist die Beobachtung durch eingewiesene Personen zu gewährleisten
- Umlenkrollen, Schäkel, Ketten, Anschlagseile u.a. müssen den einschlägigen Vorschriften entspre-

Besondere Gefahrenbereiche

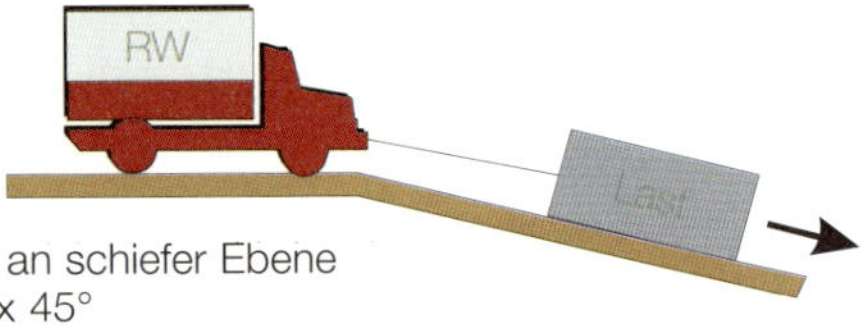

Ziehen an schiefer Ebene
bis max 45°
Gefahr bei Seilriß und durch
Zurückrutschen der Last

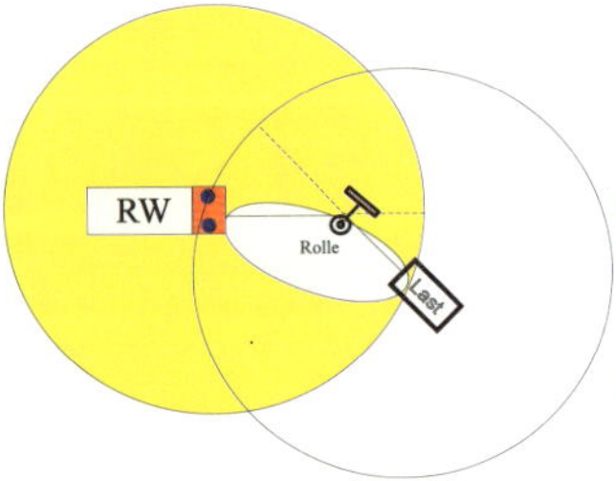

Gefährdete Bereiche:

beim Ausreißen des Seiles
- an der Last
- an der Winde

beim Ausreißen der Rolle
- durch das Seil

chen und auf die maximale Seilzugkraft (Nennzugkraft) ausgelegt sein, bei Verwendung einer losen Rolle auf die doppelte Seilzugkraft (Nennzugkraft) der Zugeinrichtung

- Bei Arbeiten mit Drahtseilen sind Schutzhandschuhe zu tragen.

NOTIZEN

NOTIZEN

13. Hoch- und Tiefbauunfälle

13.1. Hochbauunfälle

Schadensereignisse, bei denen Gebäude oder Gebäudeteile eingestürzt sind oder einsturzgefährdete Gebäude Gefahrenstellen darstellen, werden als Hochbauunfälle bezeichnet. Die Feuerwehr hat hierbei die Aufgaben der Rettung Verletzter, Eingeschlossener oder Verschütteter sowie unter Umständen das Sichern einsturzgefährdeter Bauwerke zu erfüllen. Zur Sicherung einsturzgefährdeter Gebäude und Gebäudeteile können Behelfskonstruktionen aufgebaut werden. Sie stellen Erstmaßnahmen zur schnellstmöglichen Absicherung von Gebäudebereichen dar, die zur Rettung oder Bergung von Personen sicher begehbar gemacht werden müssen. Diese Konstruktionen werden hauptsächlich aus Bauhölzern errichtet, deren notwendige Menge erst nachgefordert werden muß. In bestimmtem Ausmaß können Abstützungen oder Absteifungen als Sofortmaßnahmen (Notabsteifungen) mit Geräten und Material des Rüstwagen hergerichtet werden. Auf dem Rüstwagen werden Stützwinden in verschiedenen Längen, Kanthölzer (120 x 160 x 2000 mm), Unterlegbohlen (50 x 220 x 2000 mm), verschiedene Größen von Unterleghölzern aus Hartholz, Hartholzkeile und Bauklammern mitgeführt.

MERKE: Abstützungen und Aussteifungen werden nur dann ausgeführt, wenn bei der Rettung in angeschlagenen Gebäuden die Rettungskräfte durch den Einsturz von Gebäudeteilen gefährdet sind!

Diese Abstützungen und Absteifungen sind **Behelfe**, sie müssen jedoch möglichst fachgerecht hergestellt werden, damit bei der Bergung durch die „Konstruktionen" keine zusätzlichen Gefahren entstehen.

13.1.1. Senkrechte Abstützung

Bei einsturzgefährdeten Decken, Türen und Fenstern, bei denen eine **vertikale Last** aufzunehmen ist, wird die Sicherung durch den Einbau senkrecht stehender Abstützungen vorgenommen.

Die einfachste Form einer senkrechten Abstützung ist die **senkrechte Stütze.**

Sind zum Abfangen eines Gebäudeteiles mehrere Stützen notwendig, werden sie durch Halbhölzer, Bohlen oder Bretter zu einem Stützgerüst, dem **Schwelljoch,** miteinander verstrebt. Zum Absichern labiler Flächen werden mehrere Stützgerüste nebeneinander aufgestellt. Die Länge der Stempel ermittelt man am schnellsten, in dem ein Unterzugbalken auf eine Schwelle gelegt und das lichte Maß zwischen Balken und Raumdecke gemessen wird. Die Länge wird dann so bemessen, daß ein Unterkeilen der Stempel möglich ist.

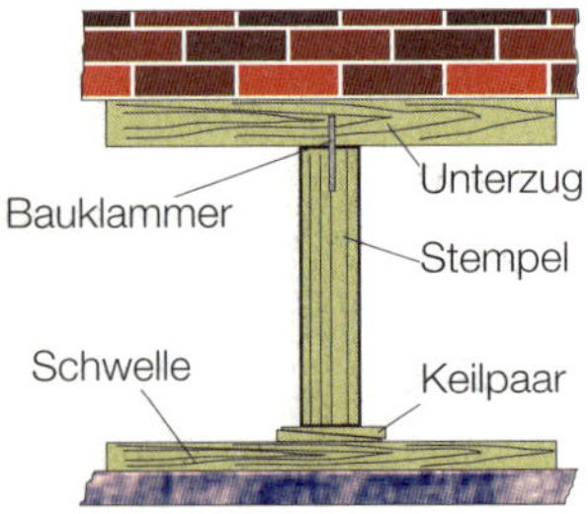

Senkrechte Abstützung

Schwelljoch

Ermittlung der notwendigen Stützkräfte

Um annähernd zu ermitteln, welche etwaigen Lasten abzufangen sind, kann man sich auf die spezifischen Gewichte der hauptsächlichsten Baumaterialien beziehen.

Beton = 2,5 t/m^3

Mauerwerk = 2,0 t/m^3

Holz = 1,0 t/m^3

MERKE: Es ist eine größere Anzahl von Stützen mit kleinerem Querschnitt einer geringeren Anzahl von Stützen mit großem Querschnitt zu bevorzugen!

Orientiert man sich an der Tragfähigkeit von Mauerwerk nach der folgenden Tabelle, kann eine abzufangende Deckenlast ermittelt werden. Bezieht man den Tabellenwert auf die Gesamtlänge des zerstörten Mauerwerkes, erhält man die Last, die das Mauerwerk hier zu tragen hat und kann nach den Belastungstabellen für Holzstützen (Siehe Anlage Tabellen 21 und 21a) die notwendige Anzahl ermitteln.

Tragfähigkeit von Mauerwerk

Wanddicke (cm)	11,5	24	36,5	49
Tragfähigkeit pro Meter (kN)	25	53	81	108

Beispiel einer Berechnung:

In einem einsturzgefährdeten Raum wird die Zimmerdecke noch von einer teilzerstörten Ziegelsteinwand getragen. Die Wand ist 5 m lang, 2,50 m hoch und 24 cm dick. Die Länge des zerstörten Mauerwerks beträgt 3 m. Der zerstörte Teil der Wand hätte nach der Tabelle eine Deckenlast von 3 x 53 kN = 159 kN zu tragen. Um die Deckenlast sicher abzufangen müßten min. 3 Stück Kanthölzer mit 12 cm Kantenlänge eingesetzt werden.

ACHTUNG! Für Stützen, insbesondere für Stempel, darf nur gesundes Holz verwendet werden!

13.1.2. Waagerechte Abstützung

Die einfachste Form einer waagerechten Abstützung bildet eine **Spreize**. Mehrere Spreizen neben oder übereinander angeordnet und miteinander verbunden, ergeben ein horizontales Stützgerüst, mit dem größere Bauteile gesichert werden können. Zum Aussteifen eines Flurganges oder eines Rettungsweges zwischen zwei Wänden kann ein **Sprengwerk** errichtet werden. Zwei Bohlen mit genagelten Knaggen werden senkrecht an die Wände angelegt und mit einem waagerecht gesetzten Spreizbalken verkeilt. Die schräg angesetzten und auf einer Seite verkeilten Streben ermöglichen eine günstige Druckverteilung und stabilisieren den Spreizbalken. Die Art des

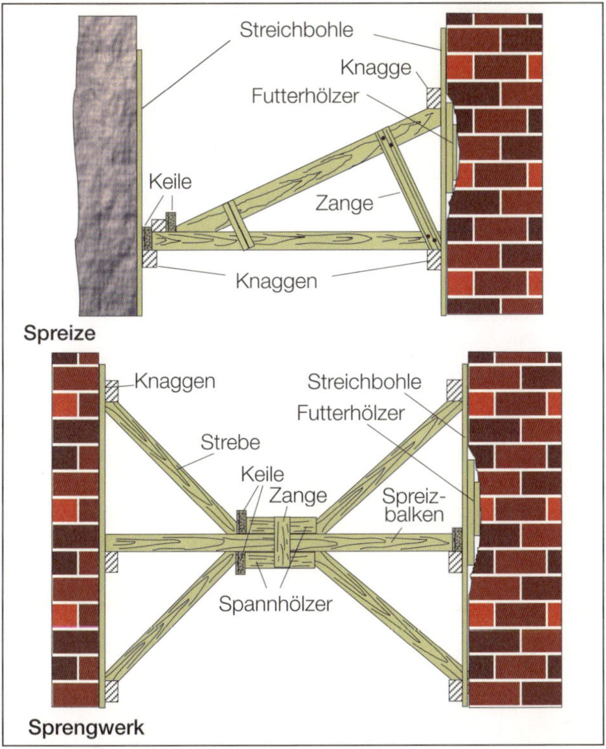

Ausbaus läßt genügend Raum zur Nutzung des Fluchtweges. Die Spannweiten der Spreizbalken können dabei 6 bis 8 m betragen. Sind längere Spannweiten zu überbrücken, sind die Spreizbalken in der Mitte durch angeschraubte Spannriegel zu verstärken und durch Verschwertungen gegen seitliches Ausweichen zu sichern.

13.1.3. Schräge Abstützung

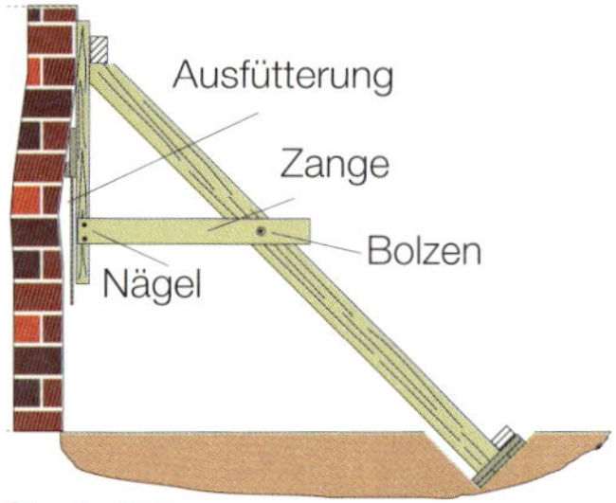

Strebstütze

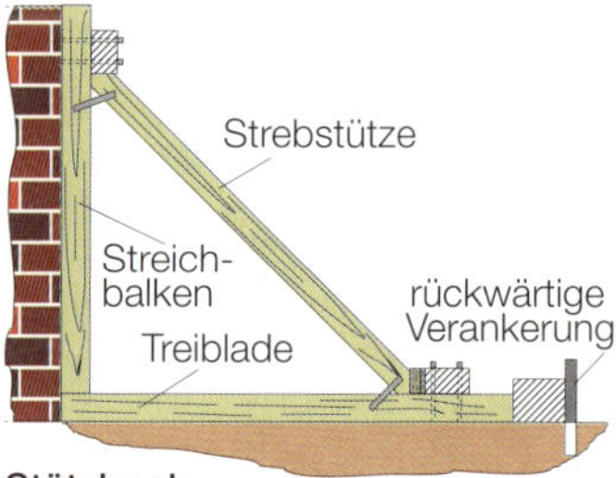

Stützbock

Zum Abfangen einer schrägwirkenden Last, z.B. sich durchbiegendes Mauerwerk, wird je nach Größe der Fläche eine **Strebstütze** oder bei größerer Fläche ein **Stützbock** gesetzt. Ein Stützbock entsteht, wenn zwei oder mehrere Strebstützen durch gemeinsame Streichbohlen miteinander verbunden werden. Diese Schrägabstützungen können auch senkrechte oder waagerechte Kräfte aufnehmen. Von be-

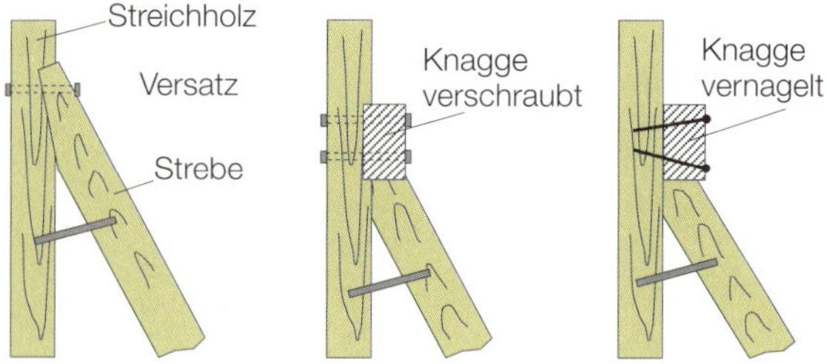

Kopfpunkte

sonderer Bedeutung sind die Kopf- und Bodenverankerungen. Die Bodenverankerung muß entsprechend den vorgefundenen Bodenverhältnissen so konstruiert werden, daß die Strebstütze mit der Auflage einen rechten Winkel bildet. Innerhalb von Gebäuden kann u.U. der Druck einer einsturzgefährdeten Wand über eine **Treiblade** zur nächsten stabilen Wand weiter geleitet werden. Treiblade und Streichbalken werden durch Nut und Zapfen miteinander verbunden. Ist das nicht möglich, wird auf der Treiblade eine Knagge aufgenagelt.

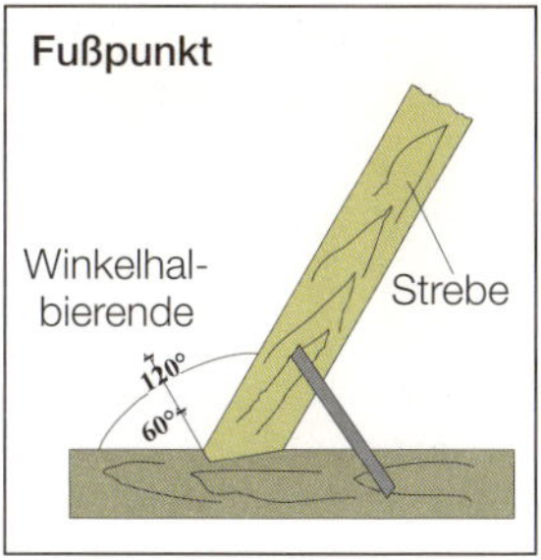

13.1.4. Aussteifungen

Türdurchgänge, Fensteröffnungen und Mauerdurchbrüche, die als Rettungsöffnung genutzt werden sollen, können bei Einsturzgefahr durch Aussteifungen, für die Dauer der Rettungsmaßnahmen, sicher gemacht werden. Die Festigkeit der Austeifung kann bei vertikaler Belastung durch zwei Methoden erreicht werden. Die Stempel können durch Verkeilen verspannt werden oder sie werden genau auf das lichte Maß zwischen Schwelle und Unterzug geschnitten, um die Tragfähigkeit zu gewährleisten. Müssen auch horizontale Kräfte durch die Aussteifung aufgenommen werden, so können Spreizen gesetzt werden, die mit Bauklammern an den Stempeln zu befestigen sind. Beim Setzen der Spreizen ist darauf zu achten, daß die Rettung Verletzter auf

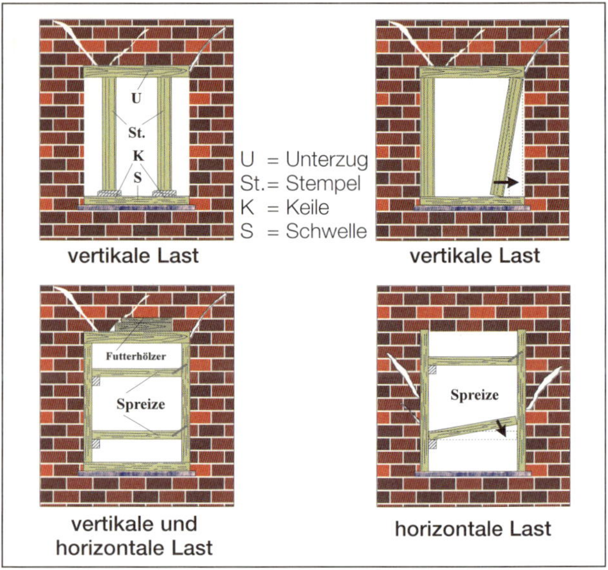

einer Krankentrage nicht behindert wird. Wo nur eine horizontale Last aufzufangen ist, kann auf Unterzug und Schwelle verzichtet werden. Die am Mauerwerk anliegenden Streichbohlen sollten ca. 4 cm stark sein. Das Festsetzen der Spreizen kann auch hier durch Keilpaare erfolgen.

Einsatzhinweise

- Niemals sollte versucht werden, eine Rückbewegung von Bauelementen mit Gewalt zu erwirken; eine Vergrößerung des Schadens und somit eine Gefährdung der Einsatzkräfte ist in der Regel die Folge

- Alle Maßnahmen, die zu einer weiteren Erschütterung des Bauwerkteiles führen können, müssen unterbleiben
- Während des Einsatzes im einsturzgefährdeten Bereich sollten Posten aufgestellt werden, die auf gefahranzeigende Geräusche oder bauliche Veränderungen achten; eine drohende Einsturzgefahr kündigt sich in der Regel durch wahrnehmbare Zeichen an:
  - hörbar durch Knistern oder Rieseln von Mörtel
  - sichtbar durch Überhängen von Mauern aus der Bauflucht, Ausbauchungen, Durchbiegungen, Risse im Mauerwerk, abfallender Putz und gleichzeitiger Rißbildung
- Für Abstützungen und Aussteifungen sind auch Decken- oder **Grabenstützen** einsetzbar; dabei sind die vom Hersteller angegebenen Stützlasten zu beachten
- Werden Hartholzkeile zum Verkeilen oder Antreiben gesetzt, so sind sie paarweise zu verwenden; es wird nur der untere Keil getrieben, am oberen mit einem Hammer gegenhalten; Keile müssen aus Hartholz sein und sollten auf Fahrzeugen mitgeführt werden

Grabenstützen

ACHTUNG! Mit Keilen lassen sich große Kräfte erzeugen, deshalb nicht zu scharf antreiben; sie sollen die Stützkonstruktion nur verspannen und ihr die nötige Standfestigkeit geben.

- Bauklammern gehören zur Bestückung der Rüstwagen; sie werden für behelfsmäßige Verbindungen der Konstruktionsteile durch wechselseitige Schläge so angesetzt, daß sie auf Zug beansprucht werden.

13.2. Tiefbauunfälle

Bei Tiefbauunfällen handelt es sich in den meisten Fällen um die Rettung oder Bergung verschütteter Personen. Die Ursachen sind vielfältiger Art, häufig jedoch die Mißachtung von Vorschriften bei der Errichtung von Baugruben, Gräben oder Schächten. Um verschüttete Personen aus solchen Baugruben zu befreien, müssen diese Vorschriften von den Einsatzkräften weitestgehend beachtet und eingehalten werden. In den Unfallverhütungsvorschriften der Tiefbau-Berufsgenossenschaft sind die Sicherheitsanforderungen für das Abböschen sowie die Durchführung von Verbaumaßnahmen genau festgelegt.

ACHTUNG! Wird in Tiefen von mehr als 1,25 m gearbeitet, so ist mit der Ausschachtung fortschreitend ein **Verbau** auszuführen; beiderseits der Ausschachtung ist ein freier Raum von 60 cm einzuhalten.

Da der Zeitfaktor bei der Rettung verschütteter Personen von größter Bedeutung ist, läßt sich nicht in jedem Fall ein genau den Vorschriften entsprechender

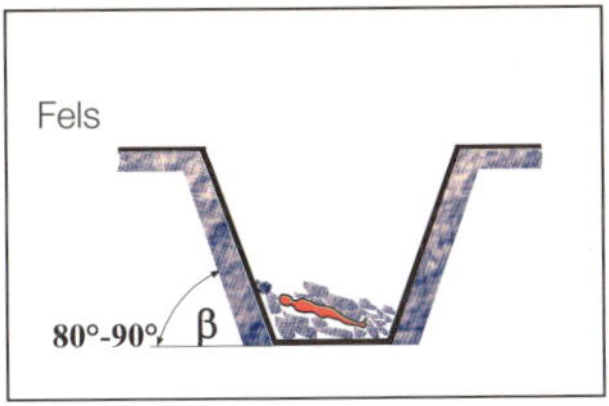

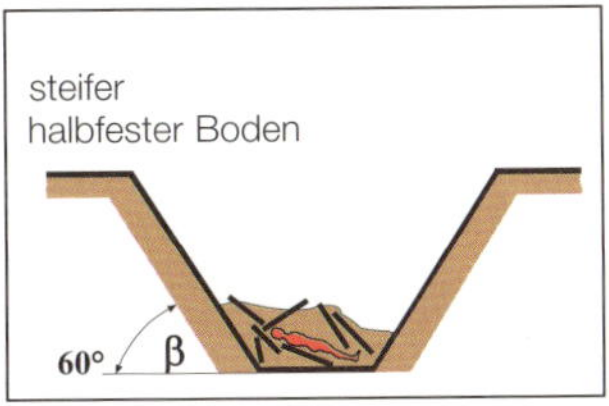

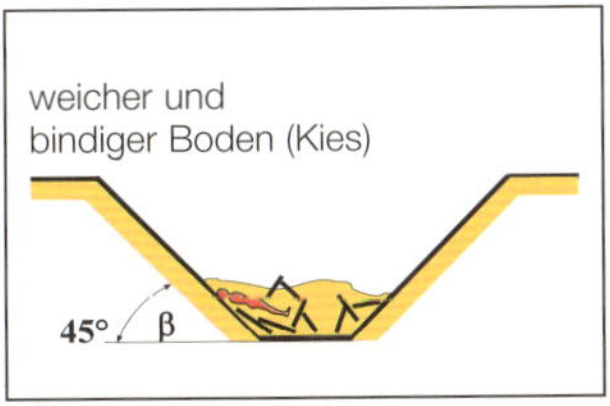

Verbau errichten. Darauf zu verzichten bringt aber die Retter und den Verschütteten in Gefahr, wenn weiteres Erdreich und Baumaterial nachsacken kann. Neben dem Verbauen der Einsturzstelle besteht auch in manchen Fällen die Möglichkeit, die Wände im Bereich der Einsturzstelle **abzuböschen.** Hierbei werden in Abhängigkeit von der Bodenart entsprechende Böschungswinkel vorgeschrieben.

MERKE: Je weicher der Boden, desto flacher muß der Böschungswinkel sein!

- Weicher und bindiger Boden oder nichtbindiger Boden (Kies)
  - Böschungswinkel höchstens max. 45°
- Steifer oder halbfester Boden
  - Böschungswinkel höchstens max. 60°
- Leichter Fels
  - Böschungswinkel höchstens max. 80°
- Schwerer Fels
  - Böschungswinkel höchstens max. 90°.

Das Abböschen bei größeren Baugruben wäre nur sinnvoll, wenn vor Ort Baggertechnik eingesetzt werden kann.

13.2.1. Waagerechter Verbau

Hierbei werden die bereits vorhandenen Wände der Baugrube mit waagerecht eingebrachten Dielen, die durch senkrechte Kanthölzer gesichert werden, verbaut. Bei genügend standfestem Boden wird die Grube jeweils um eine Dielenbreite weiter ausgehoben und dieser Teil durch Einbau einer weiteren Diele gesichert.

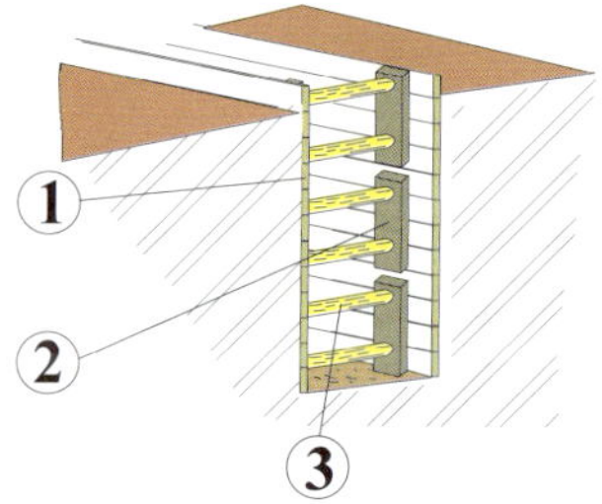

Waagerechter Verbau

1 Bohle
2 Brustholz
3 Steife

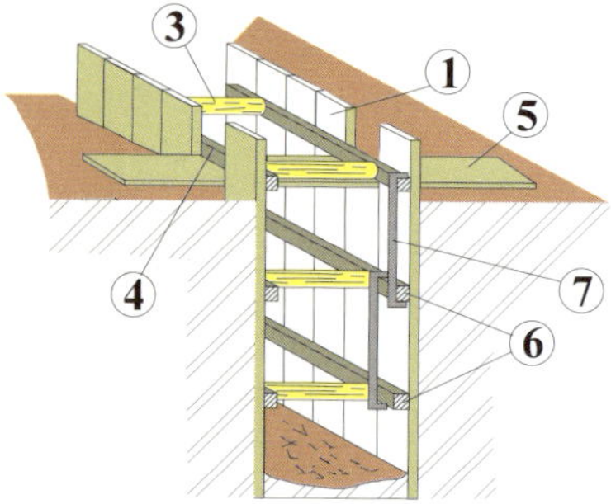

Senkrechter Verbau

1 Bohle
3 Steife
4 Hauptrahmen
5 Unterlagsholz
6 Zwischenrahmen
7 Hängeeisen

13.2.2. Senkrechter Verbau

Hierbei werden mit fortschreitendem Aushub Dielen mit entsprechenden Steifen senkrecht an den Grabenwänden befestigt. Bei lockerem Boden werden die Dielen soweit in das Erdreich getrieben, daß ein Aufbrechen der Grabensole nicht möglich ist.

Tiefbaufirmen nutzen zur Sicherung von Ausschachtungen **Stahlverbau-Elemente**. Können diese Elemente am Einsatzort genutzt werden, so kann damit die Einsturzstelle am schnellsten gesichert werden. Es ist hierzu jedoch ein hydraulisch betriebener Bagger notwendig, der die Elemente über die Einsturzstelle hebt und dann in den Untergrund drückt, so daß durch Ausheben des Erdmaterials die Baugrube freigelegt werden kann.

Stahlverbauelement

13.2.3. Rettungssystem „Karlsruh“ (Fa. Ziegler)

5 Rohre, aus 3 mm starkem Aluminiumblech gefertigt, können zur Abstützung und Sicherung bei der Rettung und Bergung von Verschütteten in losem Schüttgut eingesetzt werden. Die Rohre haben unterschiedliche Durchmesser und eine **Mantelhöhe** von **510 mm** .Das Rohr mit dem größten Durchmesser wird über der Stelle in Stellung gebracht, wo die verschüttete Person vermutet wird. An zwei Seiten des Rohres werden **Haltevorrichtungen** angebracht, mit denen das Rettungssystem auf Rüsthölzer (14 x 14) abgesichert und getragen wird, wenn das Rohr ebenerdig eingegraben ist. Das nächstkleinere Rohr wird in das erste Rohr gesetzt . Das Schüttgut wird inwendig herausgeschaufelt, wobei das zweite Rohr nach unten gleitet. Die Rohre sind am oberen Rand außen und unteren Rand innen mit angeschweißten 4-Kantprofilen versehen, die ein Durchrutschen des jeweils kleineren Rohres

verhindern. Auf diese Weise können alle 5 Rohre in das Schüttgut eingebracht werden, wobei eine maximale **Abstütztiefe von 2300 mm** erreicht wird. Der größte Durchmesser beträgt 1310 mm und der kleinste Durchmesser beträgt 1000 mm. Zur besseren Besteigbarkeit können in die einzelnen Haltegriffe Trittstufen eingehangen werden.

NOTIZEN

14. Ölwehr

14.1. Gerätekunde und Betriebshinweise

In der BRD werden jährlich über 600 Millionen Tonnen Gefahrgüter befördert, davon im Straßengüternahverkehr etwa 220 Millionen Tonnen und im Fernverkehr etwa 46 Millionen Tonnen. Bei der bedingten Ölwehr kommen als gefährliche Güter unter anderen Benzin, Heizöl und Dieselkraftstoff in Betracht, da es sich hierbei um entzündbare Stoffe handelt, die aber auch eine Gefahr für Trinkwasser und Gewässer darstellen.

14.1.1. Pumpen für den Öleinsatz

Der RW 2 ist mit einer tragbaren, maschinell angetriebenen Umfüllpumpe sowie einer Handmembranpumpe ausgerüstet.

Tragbare Umfüllpumpe TUP 3-1,5 CL

Die Mineralöl-Umfüllpumpe ist eine selbstansaugende, ex-geschützte Kreiselpumpe mit Drehstrommotor (2,5 kW, 380 V, 50 Hz). Sie kann zur Förderung von brennbaren Flüssigkeiten wie Mineralöl, Benzin und Benzol entsprechend der Werkstoffbeständigkeit eingesetzt werden und Schmutzwasser fördern bis zur zulässigen Korngröße von 5mm. (Für Schmutzwasserförderung ist der RW 2 zusätzlich mit einer Tauchpumpe Typ T 6 L , nicht ex-geschützt, ausgerüstet)

ACHTUNG! Die Pumpe ist für die Zonen 1 und 2 ausgelegt, sie darf nicht in Zone 0 eingesetzt werden.

Zur Inbetriebnahme wird die Pumpe mit der abzusaugenden Flüssigkeit befüllt (hierfür ist auch der Einsatz der Handpumpe geeignet).

MERKE: Pumpe so nahe wie möglich an die Saugstelle bringen. Nicht ohne Saugkorb oder Schutzsieb betreiben!

HINWEIS: Die Pumpe ist mit einer Lichtdose zum Anschluß einer ex-geschützten Kabellampe ausgestattet!

Pumpenleistung:

Fördermenge l/min.	600	500	400	200	0
Förderhöhe bar	1	1,2	1,5	1,8	2,0

Handmembranpumpe

Die Handmembranpumpe kann zur Förderung von dünn- oder zähflüssigen sowie stark verschmutzten Flüssigkeiten eingesetzt werden. Der Förderstrom beträgt max. 100 bis 200 l/min. (pro Hub ca. 4 l) bei einer Förderhöhe von ca. 6 m und einer Saughöhe von ca. 5 m. Das Pumpengehäuse besteht aus nichtrostendem Stahl. Der Pumpeneingang hat einen Korndurchlaß von 10 mm.

14.1.2. Leck-Dichtkissen (Fa. Vetter)

Leck-Dichtkissen können bei auftretenden Lecks an Tanks und Fässern, Rohren, Tank- und Kesselwagen mit Durchmessern von 48 cm bis unendlich eingesetzt werden. Es werden hier Kissen mit einer Dichtfläche von 50 x 30 cm in 2 verschiedenen Ausführungen angeboten:

- Typ LD 50/30 W **mit Wirbelösen**, an denen das Kissen mit Hilfe von Gurten an einem Leck verspannt und dann mit Luft befüllt wird

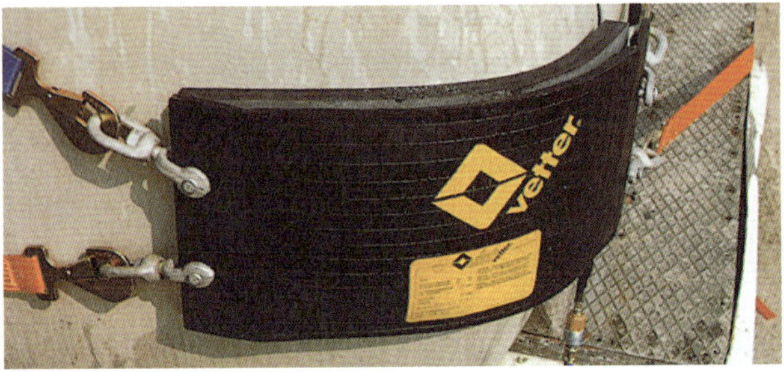

Typ LD 50/30 W

- Typ LD 50/30 S **mit Gurt-Durchführungsschlitzen** (keine Metall-Gurtbeschläge). Das Kissen wird mit Hilfe von Ratschengurten an das Leck gedrückt und dann mit Luft befüllt.

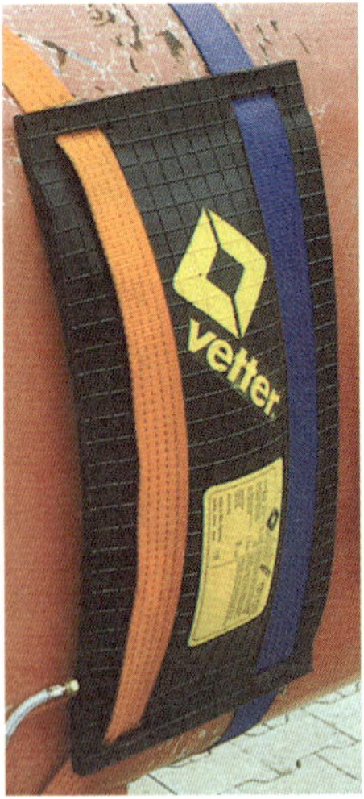

Typ LD 50/30 S

Die Kissen bestehen aus einer verstärkten, geriffelten und dehnungsarmen Deckplatte. Der erzeugte Luftdruck im Kissen wirkt zum Abdichten auf eine sehr dehnfähige, glatte Abdichtplatte. Das Material ist öl- und ozonbeständig, hat eine gute Chemiekalienbeständigkeit, ist kältebeständig bis -40°C, Flammwidrig und hitzebeständig bis 115°C kurzzeitig bzw. 95°C über einen längeren Zeitraum. Die Gurte haben eine sehr geringe Dehnung von max. 4% , sind 50 mm breit, 10 m lang und bis 4.000 kg belastbar. Die Kissen werden mit maximal 1,5 bar Druckluft befüllt und können dabei noch bei max. 1,4 bar Gegendruck abdichten.

Das Kupplungssystem ist auf 1,5 bar ausgelegt. Die Kissen können aus Sicherheitsgründen nur über ein Einzelsteuerorgan in Fitting-Bauweise, Einzelsteuerorgan in GFK-Gehäuse oder einem **Füll- und Sicherheitsschlauch** (blau, mit Manometer, Überdruck-Sicherheitsventil und Kugelhahn) befüllt werden. Die Sicherheitsventile dieser Steuerorgane öffnen sich automatisch bei 1,5 bar (plus/minus 10 %)

Herstellen der Einsatzbereitschaft

Die folgenden Hinweise beziehen sich auf die Verwendung von Druckluftflaschen und die Verwendung eines Füll- und Sicherheitsschlauches.

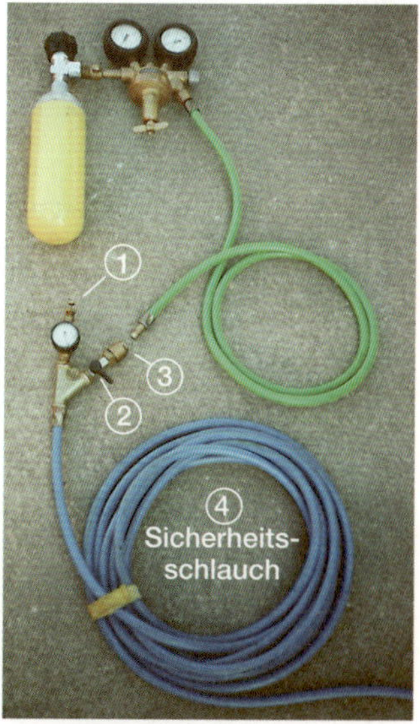

1 = Sicherheitsventil
2 = Kugelhahn
3 = Kupplung
4 = Sicherheitsschlauch

HINWEIS: Bei Betrieb mit anderen Luftquellen unter Verwendung des Adaptersatzes (siehe dazu auch Luftheber) wird die Verwendung eines Druckminderers empfohlen, wenn der Druck der Luftquelle 3 bar übersteigt. Beträgt der Druck 12 bar oder mehr, ist die Verwendung des Druckminderers , mit dem der Druck auf ca. 3 bar reduziert wird, unbedingt erforderlich!

Zunächst wird der Druckminderer an der Druckluftflasche angeschlossen und der Hinterdruck auf ca. 3 bar eingestellt.(Siehe dazu unter Pkt.11.2.1.1.) Danach wird der Schlauch des Druckminderers mit der Kupplung des Füll- und Sicherheitsschlauches und der Sicherheitsschlauch mit dem Leck-Dichtkissen durch Steckkupplungen verbunden. Der Kugelhahn wird geschlossen und das Absperrventil des Druckminderers geöffnet. Ist der Leckdichter in Stellung gebracht, wird zum Befüllen der Kugelhahn langsam geöffnet. Zum Entleeren den federbelasteten Stift am Sicherheitsventil des Füll- und Sicherheitsschlauches herausziehen.

Betreiben:

ACHTUNG! Leck-Dichtkissen nur soweit füllen, bis keine Flüssigkeit mehr aus Leckage tritt, um unnötige Belastung der Bruch- bzw. Leckagestelle zu verhindern. (Bereits bei < 1,5 bar möglich)

- Leck-Dichtkissen und Leck-Dicht-Bandagen dürfen nur im korrekt verspannten Zustand ordnungsgemäß ge füllt werden, da sonst trotz Sicherheitsventil die Gefahr des Berstens schon bei Betriebsdrücken von weniger als 1,5 bar nicht ausgeschlossen werden kann
- Die Leck-Dichtkissen können durch eine Säureschutzhülle vor aggressivere Flüssigkeiten geschützt werden

- Scharfe Kanten oder spitze Stellen im Leckbereich müssen mitausreichend großen Dichtplatten abgedeckt sein, bevor das Kissen angebracht wird
- Bei der Demontage, wenn kein Gegendruck mehr besteht, zuerst Kissen völlig entleeren und danach die Spanngurte lösen.

HINWEIS: Die Fa. Vetter bietet auch einen Mini-Leck-Dichtkissensatz zum Abdichten von Leckagen an Kleingebinden von 10 bis 90 cm Ø an!

14.1.3. Leck-Bandagen 1,5 bar (Fa. Vetter)

Leck-Bandagen können zur Abdichtung an Rohren und Rundbehältern mit Durchmessern von 5 bis 48 cm sowie langer Lecks an Lagertanks eingesetzt werden. Angeboten werden zur Zeit die 2 Typen:

- Typ LB 5-20 mit einer Größe von 98 x 21 cm; die Dichtfläche ist 19 cm breit
- Typ LB 20-48 mit einer Größe von 177 x 21 cm; die Dichtfläche ist 19 cm breit.

Das Herstellen der Einsatzbereitschaft und Bedienen der Steuerarmaturen erfolgt in gleicher Weise wie beim Einsatz der Leck-Dichtkissen. Das Material der Leck-Bandagen besitzt, neben hoher Flexibilität, die gleichen Eigenschaften wie das der Leck-Dichtkissen.

Betreiben:

- Die Leck-Bandage wird so um das defekte Rohr gelegt, daß die Bandage das Rohr mit Überlappung mindestens einmal umschließt
- Die Bandage wird erst dann gefüllt, wenn die Spanngurte umgelegt und gespannt sind
- Eine Bandage kann, wie ein Leck-Dichtkissen, in gestreckter Form auf einem Längsriß plaziert, mit Balken auf der gesamten Fläche versteift und dann verspannt werden.

14.1.4. Gully-Dichtkissen (Fa. Vetter)

Das hier dargestellte Gully-Dichtkissen ist für den Ersteinsatz bei Gefahrguteinsätzen konzipiert, bei denen keine Gegendrücke zu erwarten sind. Es wird daher nur mit einem Betriebsüberdruck von max. 0,2 bar betrieben. Das Gerät dichtet Gullys und Schächte von 30 bis 50 cm ab und kann nach Verschließen des Gullyeinlaufes einem Druck von 1 m Wassersäule standhalten. Das Material ist ein hochwertiger Kunstkautschuk, er ist flammwidrig, öl- und ozonbeständig und weitgehend säurebeständig.

Das Gully-Dichtkissen wird in einem kompletten Satz, bestehend aus:

- 1 Kompakt-Gully-Dichtkissen mit 2 m Füllschlauch und Halteleine
- 1 Spezielle Füll- und Sicherheitsarmatur mit Handanschluß, Druckminderer 1 bar, Manometer, Sicherheitsventil 0,2 bar und Kupplungsnippel
- Druckluftflasche 1L/200 bar
- 1 Transportkoffer, in dem in der Regel alle Geräte einsatzbereit miteinander verbunden sind angeboten.

Betreiben:

Das Gully-Dichtkissen mit Füllschlauch wird an der Halteleine in den geöffneten Gully so weit hinabgelassen, daß sich die Kissenmitte im Rundbereich des Einlaufes befindet; falls notwendig, zuerst Kissen leicht füllen, bis es eine zylindrische Form annimmt. Das Flaschenventil unbedingt langsam öffnen und am Manometer den Betriebsüberdruck überwachen. Sobald das Kissen im Rundbereich des Einlaufes anliegt und dichtet oder der max. zulässige Überdruck von 0,2 bar erreicht wird, das Flaschenventil schliessen. Es besteht nun die Möglichkeit, die Flasche mit Füllarmatur vom Füllschlauch des Kissens zu trennen, da dessen Kupplungsteil mit einem Rückschlagventil versehen ist. Flasche und Füllarmatur kann ggf. für ein weiteres Kissen eingesetzt werden. Der abgedichtete Gully läuft voll, und es entsteht ein Pumpensumpf, aus dem die Flüssigkeit abgepumpt werden kann.

Nach beendetem Einsatz Füllarmatur an den Füllschlauch des Kissens anschließen und durch Drehen der Ablassvorrichtung am Kopf des Sicherheitsventils Kissen entleeren und an der Halteleine herausziehen.

Einsatzhinweise

- Das Kompakt-Gully-Dichtkissen ist nicht zum Verschließen eckiger Einläufe geeignet

HINWEIS: Hierfür können Universal-Gully-Dichtkissen 2,5 bar eingesetzt werden, mit denen das Anschluß- bzw. Abgangsrohr eines Gullys abgedichtet wird! (Rundrohre von 100 mm bis 150 mm)

- Der max. Durchmesser von 50 cm darf nicht überschritten werden
- Die Kissen sind dort nicht einzusetzen, wo scharfkantige Metall- oder Betonwandungen die Kissen beschädigen könnten

HINWEIS: Falls mit einem Gegendruck oder Vakuum zu rechnen ist, können ggf. Rohr-Dichtkissen 1,5 bar eingesetzt werden! (22 Größen = 10 Standartgrößen mit Ø von 10 bis 140 cm und 12 Sondergrößen mit Ø von 2,5 bis 240 cm)

14.2. Pflege- und Wartung

Alle o.a. genannten pneumatischen Dichtkissen mit ihrem Zubehör sind nach dem Einsatz mit Seife und warmem Wasser zu reinigen, bei Raumtemperatur zu trocknen und auf evtl. Schäden zu prüfen. Lösungsmittel dürfen zum Reinigen nicht verwendet werden! Weiter verbietet sich hierfür die Benutzung von scharfkantigen Gerätschaften.

(Siehe auch Richtlinien für Lagerung, Reinigung und Wartung von Gummierzeugnissen aus der DIN 7716).

14.3. Der Öleinsatz

Mit der Bestückung eines Rüstwagens 2 ist die Feuerwehr in der Lage, in bestimmten Maße, bei Vorkommnissen mit diesen gefährlichen Stoffen tätig zu werden. Die dazu benötigten Geräte werden als „Ölwehrsatz“ bezeichnet

Für die Feuerwehr läuft der Öleinsatz, nach den Erstmaßnahmen am Einsatzort, in drei Stufen ab.

1. Stufe: **Eindämmen, Auffangen und Abdichten**
2. Stufe: **Aufnehmen**
3. Stufe: **Umpumpen** und **Abfüllen**. (Der Abtransport erfolgt in der Regel von speziellen Entsorgungsfirmen)

14.3.1. Erstmaßnahmen am Einsatzort

- Fahrzeuge so abstellen, daß sie außerhalb des Gefahrenbereiches stehen
- Einsatzstelle großräumig gegen fließenden Verkehr und Fußgänger absperren
- Gefahrenbereich auf mindestens 50 m festlegen und absperren, evakuieren, Zündquellen ausschließen

MERKE: Entscheident für die Festlegung der Maßnahmen sowie den Ablauf des Einsatzes ist die „Identifizierung des Gefahrgutes“!

- Feststellen des Gefahrgutes durch:
  - Warntafel
  - Ladepapiere
  - Gefahrzettel
  - Befragung
  - Unfallmerkblätter

(Eventuell Messungen durchführen)

- Bei Dunkelheit die Einsatzstelle ausreichend ausleuchten
- Löschversorgung aufbauen, vorzugsweise Löschpulver, Schaum oder Wassersprühstrahl verwenden
- Bei Bedarf Nachforderung von Kräften und Mitteln, vor allem Gefahrgut-Spezialkräfte
- Rettungs- und Sicherungstrupps festlegen.

14.3.2. Maßnahmen der ersten Stufe

Das Ziel aller Maßnahmen ist die Schadensbegrenzung mit den zur Verfügung stehenden Mitteln und Möglichkeiten.

Eindämmen: mit Erdreich oder anderen an der Einsatzstelle vorgefundenen Materialien werden Dämme errichtet, die ein weiteres Eindringen in das Erdreich oder in die Kanalisation verhindern.

Geräte: Ölschutzanzüge, Hitzeschutzponchos, Werkzeug aus funkenfreiem Material wie Randschaufel, Spaten und Kreuzhacke, Gummischieber, Ölauffangplanen, Kunststoffolie (Abdecken von Gullieinläufen), Sandsäcke.

Ölschutzanzug

Auffangen: durch Unterziehen einer Plane unter ein Leck kann austretendes Gefahrgut aufgefangen und hieraus später in feste Behälter abgepumpt werden. Auslaufendes Gefahrgut über Trichter, Schläuche und Rinnen direkt in größere Behälter umleiten. Durch Aufbringen von Ölbindemitteln kann Öl gestaut und aufgesaugt werden. Um auf offenen Gewässern eine Ausbreitung zu verhindern, werden Ölsperren eingesetzt. Eine behelfsmäßige Ölsperre kann z. B. aus drei beliebig langen B-Druckschlauchleitungen hergestellt werden, die mit einer Arbeitsleine so zusammenzubinden sind, daß sich zwei mit Luft gefüllte Leitungen oben und eine mit Wasser gefüllte Leitung unten befindet. Mit je einer Arbeitsleine am Anfang und Ende kann man diese „Konstruktion“ so auf einem Gewässer führen, daß sie den Zweck einer Ölsperre erfüllt.

HINWEIS: Um die Schläuche mit Luft füllen zu können, werden Blindkupplungen mit Reifenventilen versehen, die dann für den Einsatzfall zur Verfügung stehen; zum Aufblasen können Druckluftflaschen in Verbindung mit Druckminderer oder Adapter (siehe Luftheber) genutzt werden; aber auch miteinander verbundene Kanthölzer können den Zweck einer behelfsmäßigen Ölsperre erfüllen!

Geräte: Ölauffangplanen, Wannen- und Eimer aus Edelstahl, Saugschläuche zum Ableiten in Behälter, Trichter und Auffangtrichter aus Edelstahl, Handschöpfkellen, Auffangrinnen (1,8 m x 48 cm aus formveränderlichem Weichaluminium), Gerüstbehälter (3 x 3000 l), Faltbehälter (2 x 1500 l), Ölbindersiebschaufeln.

Auffangtrichter

Abdichten: für das Verschließen von Kanaleinläufe können für senkrechte Einläufe spezielle, aufblasbare Dichtkissen, Abdeckbehälter (werden mit Sand oder Wasser gefüllt), oder Schaumstoff-Dichtungsplatten verwendet werden. Für seitliche Straßeneinläufe können Schaumstoffkeile als Schnellverschlüsse eingesetzt werden. Für das Abdichten kleinerer Leckagen stehen verschiedenste Hilfsmittel zur Verfügung. So können Dichtungskeile und Pfropfen in Lecks geschlagen, kleinere Risse mit Bleiwolle, Dichtungshanf, Abdichtbinden und Tankbinden aus Hanfgurt behelfsmäßig abgedichtet werden. Zum Abdichten größerer Leckagen können die verschiedensten, aufblasbaren Leckdichtgeräte eingesetzt werden.

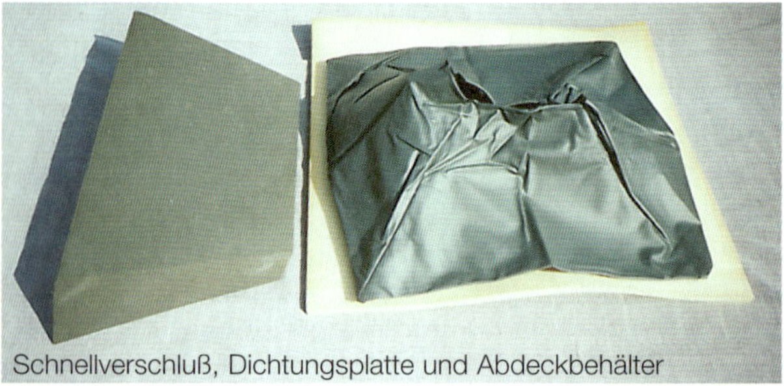
Schnellverschluß, Dichtungsplatte und Abdeckbehälter

Geräte: Handwerkzeug aus funkenfreiem Material, wie Wasserpumpenzange, Flachmeißel,

Kupferhammer 1000 g, 4 Stck. Gullyabdeckbehälter 80 x 80 x 40 cm, 4 Stck. Schnellverschluß 80 x 50 x 20 cm, 4 Stck. Schaumstoffdichtungsplatte 90 x 90 x 02 cm.

14.3.3. Maßnahmen der zweiten Stufe

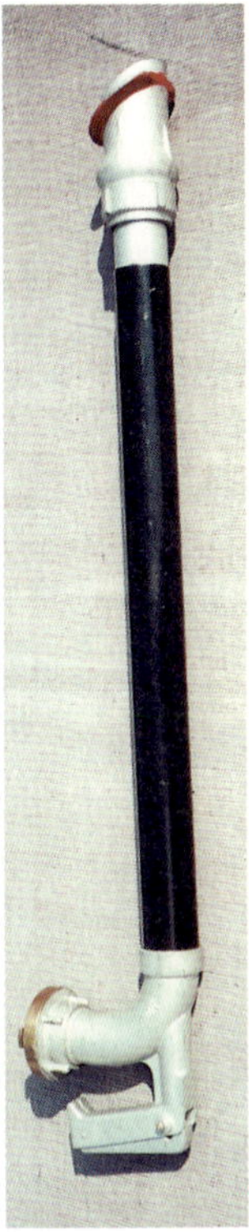

Aufnehmen: größere ausgelaufene oder aufgefangene Flüssigkeitsmengen können entweder mit einer motorbetriebenen Mineralölpumpe oder einer Handmembranpumpe über Saug- und Druckleitung aufgenommen werden (siehe dritte Stufe). Kleinere Mengen werden mit einem C-Saugrohr oder Schöpfkellen in Behälter gefüllt. Vollgesaugtes Bindemittel kann auf Folien oder Planen geschaufelt aber auch in Polyäthylen-Säcke gefüllt werden. Von Wasseroberflächen wird Bindemittel mit Siebschaufeln abgeschöpft.

Geräte: Schöpfkelle 1 l und 5 l aus Edelstahl, Siebschaufel aus Edelstahl mit Lochblech und Siebschaufel aus Aluminium mit 30 x 37 cm Streckgitter für Ölwehren, **C-Saugrohr** zum Absaugen von Schwimmöl und Ölpfützen mit Pistolengriff zur Betätigung eines Fußventiles.

14.3.4. Maßnahmen der dritten Stufe

12000 l Flüssigkeit können in die vom Rüstwagen 2 mitgeführten Behälter aufgenommen werden. Eine wesentliche Maßnahme bei Öleinsätzen ist nach dem Abdichten und Auffangen das **Umpumpen und Abfüllen:** beschädigte Tankbehälter können unter Verwendung von Mineralöl-Umfüllpumpen bis unterhalb der Leckage durch Umpumpen in andere Behälter entleert werden.

ACHTUNG! Da hierbei die Gefahr der eloktrostatischen Aufladung besteht, muß eine vorschriftsmäßige Erdungsleitung aufgebaut werden.

Mit Übergangskupplungen oder verstellbarer Kesselwagenabfüllkupplung wird die Verbindung zwischen dem Transportfahrzeug und der Schlauchleitung hergestellt. Ist dies nicht möglich, muß die Saugleitung mit Saugkorb oder Ansaugstück über eine Öffnung direkt in den Tank geführt werden. Beim Befüllen von Behältern mit leicht entzündlichen Stoffen ist das **Sicherheitsausgußrohr** zu nutzen, um möglichst

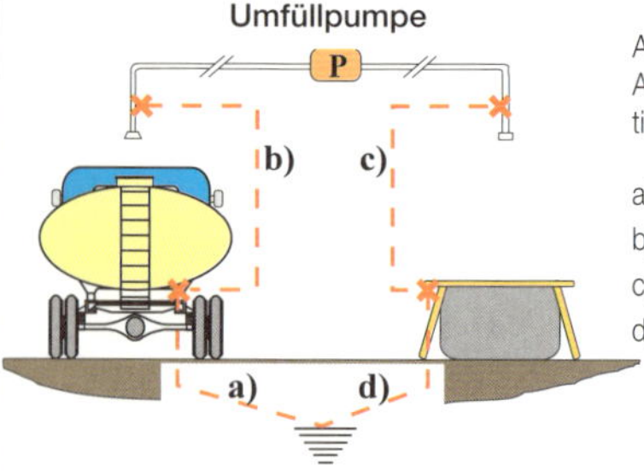

Ableitung elektrostatischer Aufladung bei Verwendung antistatischer Schlauchleitungen

a) Tankwagen → Erde
b) Saugrohr → Tankwagen
c) Auslaufrohr → Behälter
d) Behälter → Erde

geringe Verwirbelung der Flüssigkeit und weitgehende Vernichtung der Strömungsenergie zu erreichen (geringere Dämpfebildung, geringere statische Aufladung).

Geräte:

- Saugseitige Ausrüstung, mineralölbeständig:
  - 1 Stck. Kesselwagenabfüllkupplung (1)
  - 4 Stck. Übergangskupplungen aus Messing, mit mineralölbeständigen Dichtungen, passend für Straßentankwagen mit genormten Kupplungen:

    VK 80 3“ = über 6000 l mit Reduzierstück und C-Festkupplung, (4)

    MK 80 3“ = über 6000 l mit Spannring, Reduzierstück und C-Festkupplung, (3)

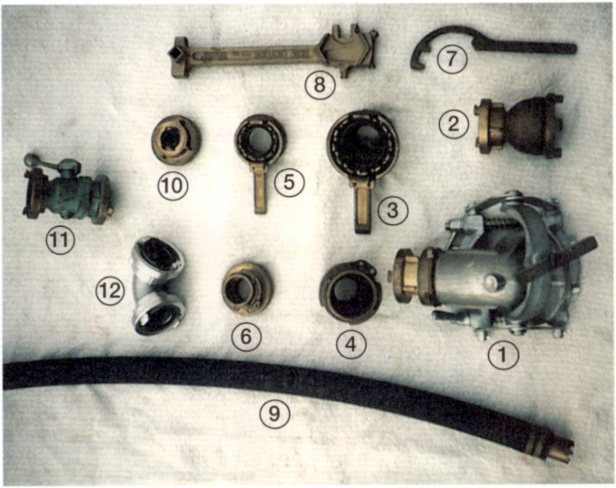

VK 50 2“ = bis zu 6000 l mit C-Festkupplung, (6)

MK 50 2“ = bis zu 6000 l mit Spannring und C-Festkupplung (5)

- 1 Stck. C-Saugkorb aus Rotguß mit Rückschlagklappe, ohne Entleereinrichtung (2)
- Ölwehrsaugschläuche „Antistat Super“, elektr. leitfähig (eingearbeitete Kupferlitzen), Erdungsschrauben an Messingkupplungen:
- 1 Stck. 38 mm I.W., 1,5 m lang, einerseits mit C-Saugkupplung, andererseits mit gezacktem Ansaugstück (9)
- 4 Stck. 50 mm I.W., 1,6 m lang, beiderseits mit C-Saugkupplungen
- 1 Stck. 38 mm I.W., 6,0 m lang, beiderseits mit C Saugkupplungen.
- 1 Stck. Übergangsstück, Messing, Größe C/D-Storz/Storz (10)
- 2 Stck. C-Schlauchabsperrung, Messing, mit Kugelhahn (11)
- 1 Stck. Rohrkrümmer Größe B-90°(12)

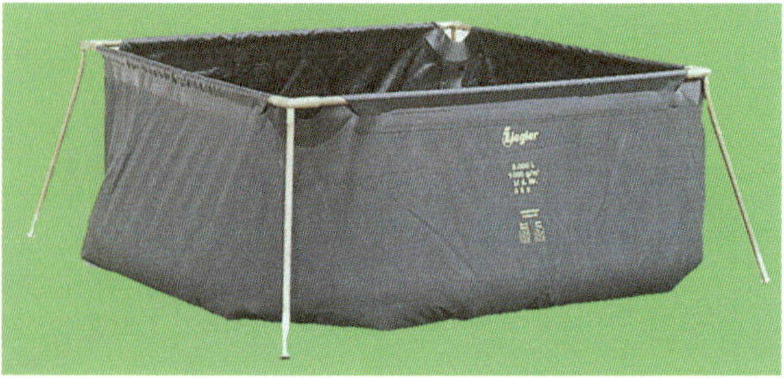

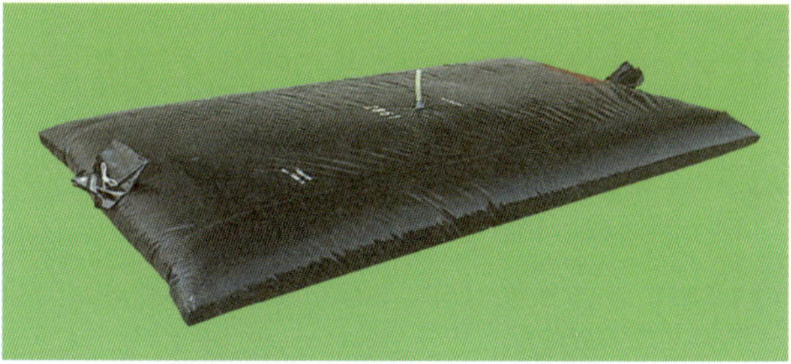

- Aus funkenfreiem Material 2 Stck. Kupplungsschlüssel (7) und 1 Stck. Universal-Faßschlüssel (8) für 22 Faßverschlüsse.

- Druckseitige Ausrüstung mineralölbeständig:

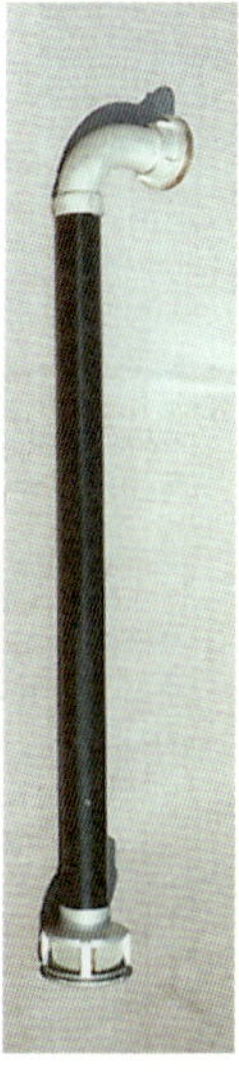

- 3 Stck. **Auffangbehälter -offen-** Fassungsvermögen ca. 3000 l mit Stützgerüst aus Messingrohren, beständig gegen Benzin, Mineralöle Benzol
- 2 Stck. **Auffangbehälter - geschlossen -** Fassungsvermögen ca. 1500 l, beständig gegen aggressive Flüssigkeiten
- 4 Stck. Ölwehrdruckschlauch „Antistat Plus“, Farbe Schwarz, Größe C/52, 15 m lang, mit Messingkupplungen und Erdungsschrauben
- 1 Stck. **Sicherheitsausgußrohr**, Eingang mit abschraubbarer Fußplatte und Siebzylinder, Abgang mit C-Festkupplung aus Messing.

- Ausrüstung zur Errichtung einer Erdungsleitung

- •1 Stck. Litzentrommel mit 50 m Erdungslitze 16 Ohm, aus Kupfer, beidseitig mit Kabelschuh (1)
- •4 Stck. Spezial-Anschlußschraubzwinge aus Messing mit 110 mm Öffnung (2)
- •1 Stck. Erdungsspieß, 550 mm lang, verzinkt, mit Erdungsklemme (3)
- •1 Stck. Erdungshaftmagnet, mit Erdungsschraube, bis 16 kg Haftkraft (4)
- •4 Stck. Erdungslitze 10 m lang, 16 Ohm, aus Kupfer, beidseitig mit Kabelschuh (5).

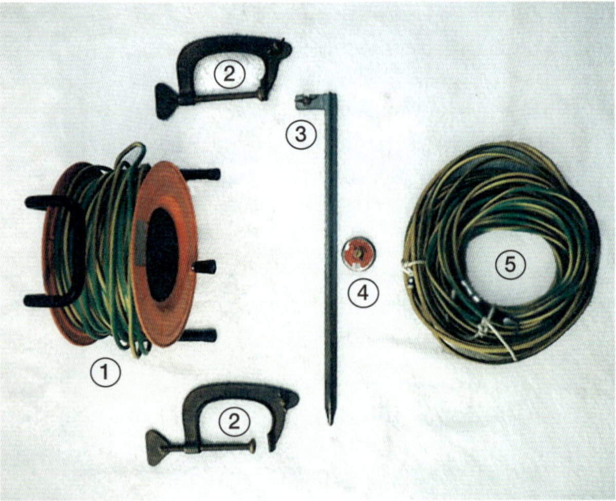

- Beleuchtungs- und Signalausrüstung
  - 1 Stck. Kabellampe, ex-geschützt, mit Glühlampe 220 V/60 W, 10 m Anschlußkabel mit ex-geschütztem Stecker
  - Je 2 Stck. Warnschild „Giftige Stoffe“ und „Explosivstoffe“

NOTIZEN

15. Komplexbeispiele für Technische Hilfeleistung

15.1. Aufrichten umgestürzter Fahrzeuge

15.1.1. Grundprobleme

Um ein auf der Seite liegendes Fahrzeug aufzurichten, wird es in der Regel mittels Zug- und/oder Hebegeräten über die dem Erdboden zugewandten Räder in seine Normalstellung gekippt. Um zu bestimmen, welche Mittel zum Aufrichten eingesetzt werden sollen, sind mehrere Faktoren zu beachten:

- Es muß zunächst die Größe der zu bewegenden Last annäherungsweise bestimmt werden; genau wird man an der Einsatzstelle das Gewicht, einschließlich der Ladung, kaum bestimmen können; das zulässige Gesamtgewicht bei beladenen Fahrzeugen sowie das Leergewicht kann der Einsatzleiter aus dem Fahrzeugschein ersehen; Gütertransportbegleitpapiere können Auskunft über die Art und das Gewicht der Ladung geben
- Je nach Art, Lage und Schwerpunkt der Ladung ist zu entscheiden, ob das Fahrzeug mit samt der Ladung aufgerichtet werden kann oder, wie in den meisten Fällen notwendig, entladen werden muß; grundsätzlich sollte der Frachtraum des Fahrzeuges dahingehend kontrolliert werden
- Beim Aufrichtvorgang kann besonders bei nassem und glattem Untergrund das Fahrzeug verrutschen; dagegen sind geeignete Sicherungsmaßnahmen erforderlich; eine günstige Variante ist die Befestigung eines ausreichend langen Kantholzes vor den Rädern längs der Drehachse auf dem

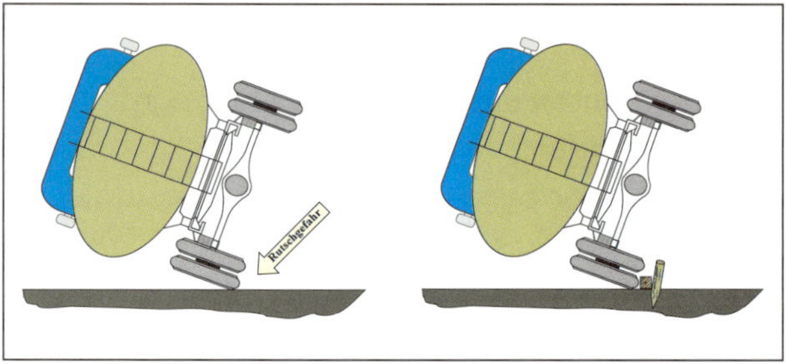

Erdboden; zum Befestigen des Kantholzes eignen sich Erdnägel, Bauklammern oder spezielle Ankerklammern; aber auch zu einem Widerlager geführte Seilverspannungen können zur Sicherung angebracht werden; ist das Fahrzeug teilweise aufgerichtet und die Räder haben Kontakt zur Fahrbahn, kann das Fahrzeug nach vorn oder hinten wegrollen; auch dagegen ist das Fahrzeug durch Verlegen der Räder zu sichern

- Für das Aufrichten mittels Zugeinrichtung müssen geeignete Anschlagpunkte und für das Aufrichten mittels Hebegeräten geeignete Ansatzpunkte am Fahrzeug vorhanden sein
- Es ist zu entscheiden, ob das Fahrzeug mit einem Gegenhaltezug abgefangen werden kann, bzw. muß, um weitere Schäden beim Aufsetzen zu vermeiden.

Um zu entscheiden, auf welche Weise ein Fahrzeug aufgerichtet werden soll, muß das herrschende Kräfteverhältnis beachtet werden. Die zu bewegende Last **(L)** wirkt in ihrem Schwerpunkt **(S)** senkrecht nach unten. Die zum Aufrichten benötigte Kraft **(K)**

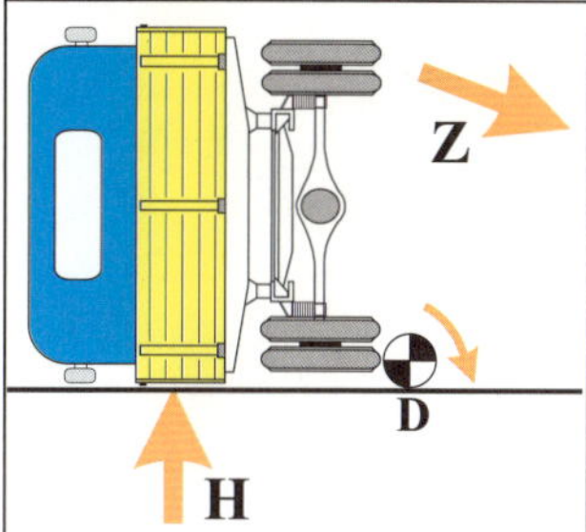

Das Fahrzeug dreht sich beim Aufrichten durch Zugkraft (Z) oder Hubkraft (H) um den Drehpunkt (D).

wirkt beim Aufrichten durch Ziehen längs des Zugseiles und beim Aufrichten durch Heben in Richtung der vom Hebezeug aufgebrachten Kraft. Last und Kraft wirken mit ihren Abständen **k** (Kraftarm) und **l** (Lastarm) vom Drehpunkt **(D)** als entgegengesetzt drehende Drehmomente.

Hat man die zu bewegende Last annähernd eingeschätzt, kann nach dem **Hebelgesetz** die notwendige Kraft ermittelt werden.

$$L \cdot l = K \cdot k$$

Die Kraft errechnet sich aus:

$$K = \frac{L \cdot l}{k}$$

Die notwendige Hub- oder Zugkraft muß also größer sein als:

$$\frac{L \cdot l}{k}$$

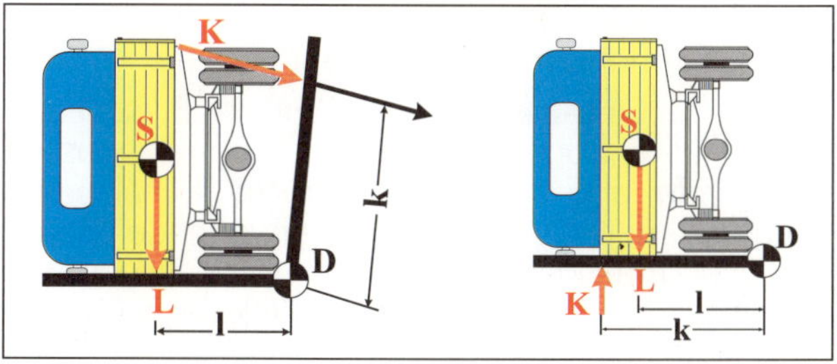

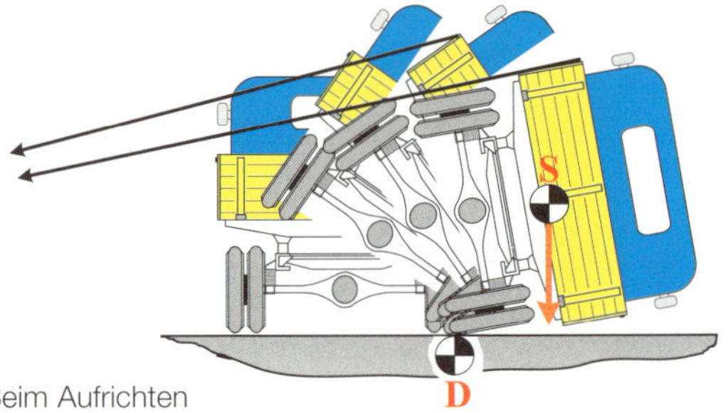

Beim Aufrichten
wird der Lastarm fortlaufend kürzer, der Kraftarm länger.

MERKE: Beim Ansetzen eines Hebezeuges oder Anschlagen eines Zugmittels sind die Punkte so zu wählen, daß die Aufrichtkraft an einem möglichst langen Hebelarm wirken kann!

Die Abbildungen veranschaulichen, wie sich der Lastarm beim Aufrichten ständig verkleinert. Der Lastarm wird „null", wenn die Gewichtskraft den „Kipp-Punkt" erreicht hat. Der Kraftarm verlängert sich während des Aufrichtens. Die notwendige Aufrichtkraft ist zu Beginn des Aufrichtens am größten; sie wird fortwährend kleiner und ist im Kipp-Punkt „null", da das Fahrzeug ab hier allein auf die Räder fällt.

15.1.2. Aufrichten durch Ziehen

Kommt der Einsatzleiter zu dem Entschluß, das Fahrzeug mittels Zugeinrichtung aufzurichten, müssen alle Geräte, also auch Anschlagmittel, Schäkel und eventuell Rollen, auf die zu erwartende Beanspruchung ausgelegt sein. Beim Befestigen der Anschlagmittel sind insbesondere folgende Aspekte zu beachten:

- Wie bereits dargestellt, sind die Anschlagpunkte so zu wählen, daß ein möglichst langer Kraftarm wirksam wird

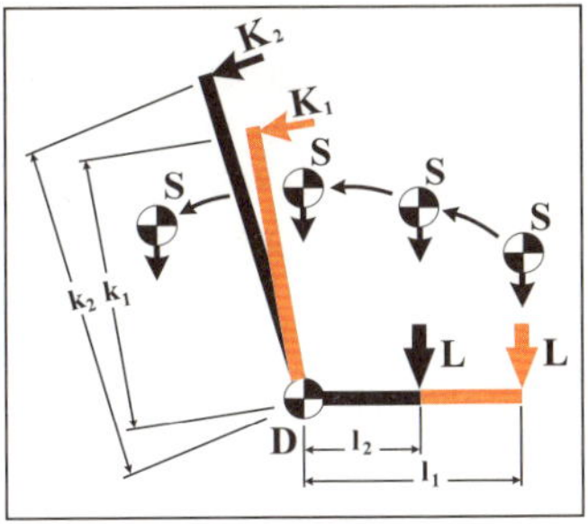

- Da der Schwerpunkt, bezogen auf die Längsachse des Fahrzeuges, nur schwer bestimmt werden kann, sollte die Zugkraft möglichst auf zwei Anschlagpunkte verteilt werden
- Bei der Bestimmung der Anschlagpunkte ist weiter zu beachten, daß über den gesamten Kippweg keine unnötige Beschädigung am Fahrzeug entstehen kann; die Belastung von Teilen der Lenkung, Brems- und Antriebsanlage durch das Anschlagmittel muß vermieden werden

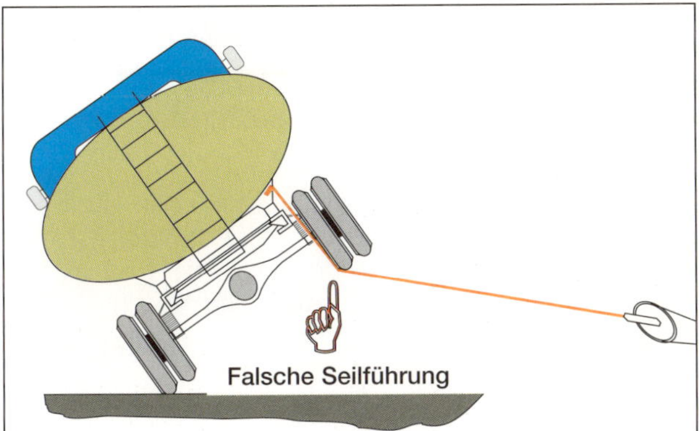

- Die Anschlagmittel oder das Zugseil selbst dürfen nicht so geführt sein, daß sie den Aufrichtvorgang behindern oder gar blockieren. Soll ein Fahrzeug ohne Rückhaltezug aufgerichtet werden, besteht bei falscher Seilführung die Gefahr, daß durch das kippende Fahrzeug unzulässig hohe Kräfte auf alle Geräte des Seilzuges wirken können
- Können die Anschlagmittel nicht am Rahmen befestigt und müssen über den Aufbau des Fzgs. geführt werden, so ist dieser durch einen geeigneten Holzverbau so zu sichern, daß der Druck der Anschlagmittel auf eine größere Fläche verteilt wird; Hebebänder und Rundschlingen sind hierbei von großem Vorteil

MERKE:

- Befestigt man die Anschlagmittel am Rahmen, können relativ sichere Anschlagpunkte genutzt werden, man benötigt nur geringe Seillängen und der Fahrzeugaufbau muß nicht belastet werden; nachteilig wirkt sich hierbei der kurze „Kraftweg“ aus, wodurch hohe Zugkraft notwendig wird
- Werden die Anschlagmittel über den Aufbau geführt, erhält man die günstigste Krafteinsparung, jedoch einen größeren Bedarf an Seillänge; von Nachteil ist weiterhin der hohe Arbeitsaufwand zum Sichern des Aufbaus.

15.1.3. Aufrichten durch Heben

Steht kein Kranfahrzeug zur Verfügung, kann unter Verwendung von Lufthebern, Winden, hydraulischen Hebesätzen oder Rettungszylindern ein umgestürztes Fahrzeug bis zum Kipp-Punkt gehoben werden. Die Wahl des am besten geeigneten Mittels richtet sich hauptsächlich nach dem zu hebenden Gewicht sowie nach den vorhandenen Ansatzmöglichkeiten für das jeweilige Hebemittel. So lassen sich an einem LKW mit geschlossenen oder instabilen Aufbau Niederdruck-Hebekissen relativ günstig ansetzen, da sich ihre Druckkraft auf große Flächen verteilt. Bei einigermassen günstig liegendem Schwerpunkt kann das Fahrzeug meistens schon mit zwei Hubvorgängen (Hebekissen LH 30 S = 62 cm Hubhöhe) in den Kipp-Punkt gebracht werden. Das Fahrzeug muß während

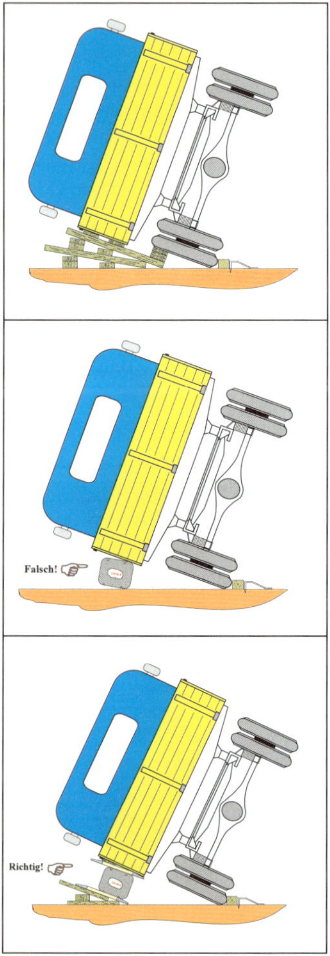

des Hubvorganges ständig mit Rüsthölzern unterbaut werden. Dieser Unterbau muß in kreuzbauweise von Beginn an so sicher und stabil errichtet werden, damit er bei jeder Hubhöhe das Fahrzeug sicher trägt. Eine zusätzliche Sicherheit ist durch Anbringen von Bauklammern zu erreichen. Mit zunehmender Hubhöhe und Schräglage des Fahrzeuges, wird die Kontaktfläche der Hebekissen zum Fahrzeug und Erdboden geringer. Für die Hebekissen selbst muß für den weiteren Hubvorgang ein entsprechend schräger Unterbau errichtet werden. Das Absichern des Fahrzeuges gegen Verrutschen ist auch hier, wie bereits beschrieben, mit geeigneten Mitteln durchzuführen.

Werden hydraulische Heber oder Winden eingesetzt, sind hauptsächlich folgende Aspekte zu beachten:

- Kopf- und Fußpunkte der Heber haben nur geringe Angriffsflächen, die bei weichem Untergrund und instabilen Lastansatzpunkten durch Holzbeilagen vergrößert werden müssen
- Hydraulische Heber erbringen Hubwege von nur ca. 30 cm und müssen während des Aufrichtvorganges mehrmals neu angesetzt werden
- Mit dem sich verändernden Neigungswinkel des Fahrzeuges neigen sich die Hebegeräte mit und verlieren an Standsicherheit (Hydr. Winden mit balligrundem Fuß und Fußlagerplatte bleiben bis 15° Neigung standsicher)
- Winden lassen sich wegen ihrer Baulänge in der Anfangsphase kaum günstig ansetzen, so daß ein kombinierter Einsatz von Luft- und hydraulischen Hebern am vorteilhaftesten ist.

HINWEIS: Das Aufrichten umgestürzter Pkw oder Kleintransporter nach den voran genannten Methoden wäre in allen Fällen unpraktikabel; solche Fahrzeuge werden im Mannschaftseinsatz mit Handkraft aufgerichtet, so wie sie auch mit vereinten Körperkräften stückweise von der Stelle „versetzt“ werden können, wenn sie einen Arbeitsbereich oder bsw. einen Hydranten blockieren.

15.1.4. Rückhaltesicherung

Wird beim Aufrichten eines Fahrzeuges auf eine Rückhaltesicherung verzichtet, so besteht, insbesondere bei Fahrzeugen mit hochliegendem Schwerpunkt, die Gefahr des Überkippens. Fahrzeuge mit

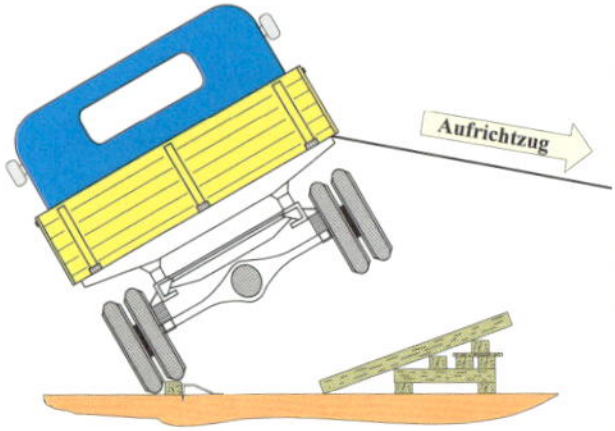

Aufsetzen auf Kreuzverbau

Bei hochliegendem Fahrzeugschwerpunkt besteht Kippgefahr! Ein Rückhaltezug ist erforderlich!

hohem Aufbau sowie gefüllte Tankfahrzeuge sind hier besonders gefährdet. Das harte Aufsetzen des Fahrzeuges auf die Räder birgt aber auch immer die Gefahr von zusätzlichen Schäden am Fahrzeug. Um das Fahrzeug zu schonen und bei der Bergung in schrägem Gelände, kann man es beim Aufrichten auf einen Balkenstapel oder eine Aufschüttung aufsetzen lassen.

MERKE:
Um ein Überkippen oder Beschädigen des Fahrzeuges beim Aufrichten zu vermeiden, ist eine Rückhaltesicherung die sicherste Methode!

ACHTUNG! Ein kippendes Fahrzeug darf durch eine Haltemannschaft nicht ohne geeignete Hilfsmittel direkt gehalten werden.

Einsatzhinweise

- Bei der Verwendung eines Rückhaltezuges sind die gleichen Aspekte wie für den Aufrichtzug zu beachten
- Weder die Zugeinrichtung noch die Geräte des Rückhaltezuges dürfen sich im Gefahrenbereich des kippenden Fahrzeuges befinden

ACHTUNG!

- Wird für einen Rückhaltezug ein Greifzug verwendet, muß die zu haltende Last bekannt sein, da in diesem Fall die Überlastsicherung (Scherstifte) des Greifzuges das Gerät nicht schützen kann.
- Wird zum Befestigen des Rückhaltezuges ein Erdanker eingesetzt, so wird eine eventuell ungenügende Belastbarkeit des Erdankers erst ab dem Kipp-Punkt des Fahrzeuges sichtbar.

Die Last wäre in dem Fall nicht mehr zu beherrschen.

- Bei günstigen Platzverhältnissen sollte deshalb das Aufrichten mit dem Greifzug und das „Gegenhalten" mit einer maschinellen Zugeinrichtung vorgenommen werden
- In der Rückhaltesicherung ist unbedingt eine Schlappseilbildung zu vermeiden, damit das Fahrzeug rucklos vom Aufrichtzug an den Rückhaltezug „übergeben" wird und somit keine gefährliche Überlastung des Rückhaltezuges auftritt
- Ein genaues Einweisen der Bedienmannschaften ist hierbei von großer Bedeutung!

15.2. Abschleppen verunfallter Fahrzeuge

Abschleppen ist das Verbringen eines **betriebsunfähigen** Fahrzeugs zwecks Räumung der Straße zur nächstgelegenen Werkstatt, zum Schrottplatz o.ä. Beim Abschleppen muß der Lenker des abgeschleppten Fahrzeugs keinen Führerschein besitzen, er muß in die Bedienung des Fahrzeuges eingewiesen sein.

Schleppen umfaßt alle Vorgänge die über das Abschleppen hinausgehen. Es ist das Mitführen betriebsfähiger Kraftfahrzeuge als Anhänger und bedarf der Ausnahmegenehmigung der Verwaltungsbehörden. Für das Schleppen ist ein Führerschein der Klasse 2 für den Fahrer des schleppenden Fahrzeuges erforderlich. Der Lenker des geschleppten Fahrzeuges benötigt die Führerscheinklasse, die für das Fahrzeug vorgeschrieben ist.

Es ist in erster Linie Aufgabe kommerzieller Abschleppdienste Unfallfahrzeuge von Unfallorten abzutransportieren. Die Feuerwehr muß Berge- und Bugsierarbeiten übernehmen, wenn Unfallfahrzeuge aus Gefahrenbereiche zu Bergen sind, diese Fahrzeuge für den übrigen Verkehr eine Gefahr bedeuten und Abschleppdienste nicht rechtzeitig vor Ort sind. Wird es z.B. als notwendig erachtet, ein Fahrzeug von der Autobahn durch Abschleppen zu entfernen, sind die verkehrsrechtlichen Bestimmungen zu beachten. Dabei dürfen Sonderrechte nach § 35 der StVO nur soweit wie unbedingt notwendig in Anspruch genommen werden. Nach § 15a der StVO muß beim Abschleppen eines auf der Autobahn liegengebliebenen Fahrzeugs die Autobahn bei der nächsten Ausfahrt verlassen werden. Beim Abschleppen eines außerhalb der Autobahn liegengebliebenen Fahrzeugs darf nicht in die Autobahn eingefahren werden. Während des Abschleppens haben beide Fahrzeuge das Warnblinklicht einzuschalten.

Nach § 43 Abs. 3 StVZO darf bei der Verwendung von Abschleppstangen oder Abschleppseilen der lichte Abstand vom ziehenden zum gezogenen Fahrzeug nicht mehr als 5 Meter betragen. Abschleppstangen und Abschleppseile müssen ausreichend erkennbar sein. Ist am Unfallfahrzeug die Bremsanlage defekt, darf nicht mit einem Seil abgeschleppt werden. Nach § 38 Abs. 2 können Einsatzfahrzeuge bei Einsatzfahrten blaues Blinklicht zur Warnung der übrigen Verkehrsteilnehmer einschalten.

MERKE: Das blaue Blinklicht allein (ohne Signalhorn) darf grundsätzlich bei jeder Einsatzfahrt eingeschaltet werden, wenn das Fahrzeug gemäß § 52 StVZO mit blauem Blinklicht ausgerüstet sein darf und andere Verkehrsteilnehmer gewarnt werden müssen.

Einsatzhinweise

- Beim Abschleppen verunfallter Fahrzeuge sind die zulässigen Anhängelasten der Anhängerkupplungen bzw. der Bergeschäkel an den Einsatzfahrzeugen zu beachten
- Es ist grundsätzlich eine angemessene Geschwindigkeit zu wählen, insbesondere dann, wenn das geschleppte Fahrzeug einen Motorschaden hat und mit einer Lenkhilfe ausgestattet ist
- Ein Fahrzeug darf nicht durch Befestigung am Seil einer Zugeinrichtung abgeschleppt werden.

15.3. Hochbauunfälle

15.3.1. Gefahren an der Einsatzstelle

Beim Vorgehen in angeschlagenen oder teilzerstörten Gebäuden können Einsatzkräfte Gefahren ausgesetzt sein, die durch die Ursache selbst oder die Zerstörung bedingt sind:

- Bei jeder Gebäudezerstörung ist davon auszugehen, daß die Versorgungsleitungen zum und im Gebäude zerstört sind und von ihnen Gefahren ausgehen (elektr. Strom, Gas, Dampf, Heißwasser, Heizöl usw.)
- Durch Überlastung von Decken kann es auch nach der Zerstörung zu weiteren Einstürzen oder Herabfallen von Trümmerstücken kommen
- Sturm, Eindringen von Regenwasser (auch Löschwasser) und Frost können zum Einsturz angeschlagener Gebäudeteile beitragen.

Grundsätzliche Verhaltensweisen

Verschüttete und meist schwer verletzte Personen in starker Vertrümmerung haben nur eine zeitlich begrenzte Überlebenschance. Es muß daher unverzüglich mit den Rettungsmaßnahmen begonnen werden. Die Maßnahmen können aber nur Erfolg haben, wenn ein systematisches Vorgehen erfolgt. Die Verhaltensweisen ergeben sich aus den einzelnen Tätigkeitsabläufen:

- **Absichern der Einsatzstelle** gegen Fahrzeugverkehr und Personen; auch Einsatzfahrzeuge sollten durch entsprechenden Abstand Erschütterungen vermeiden

- **Erkunden der Schadenstelle** Menschen im Gefahrenbereich?, Ausmaß der Zerstörung?, Gefahren?, Begehbarkeit?, Art der Schadenelemente usw.
- **Absuchen** des äußeren Trümmerbereiches (nach dem Grundsatz Leichtverschüttete zuerst)
- **Durchsuchen** aller begehbaren beschädigten und unbeschädigten Räume
- **Suchen und Orten** - werden Personen unter einer größeren Trümmerbedeckung vermutet, so muß deren Lage zunächst durch Rufen, Klopfen und Horchen geortet werden
- **Retten/Bergen** - schließt sich unmittelbar an jedes Auffinden einer verschütteten Person an.

15.3.2. Einsatzmaßnahmen

Für die Feuerwehr ergeben sich bei solchen Unfällen eine ganze Reihe von Aufgaben und Möglichkeiten:

- Das Erzeugen von Elektroenergie zur Ausleuchtung der Einsatzstelle und Betreiben von elektr. Arbeits- und Rettungsgeräten
- Das Einsetzen hydraulicher Rettungsgeräte zum Bewegen und Trennen von Trümmerteilen
- Einsatz von jeglichen Hebegeräten zum Drücken, Heben, Stützen oder Sichern
- Einsatz von Zugmitteln zur Beseitigung von Trümmerteilen oder Verspannen von einsturzgefährdeten Bauteilen
- Einsatz von Schanzwerkzeugen zur Befreiung Verschütteter Personen oder Freilegen bzw. Schaffen von Rettungswegen

- Einsatz von Be- und Entlüftungsgeräten
- Abdichten von Leckagen an Rohrsystemen, Absperren von Ventilen
- Öffnen von Türen und Schaffen von Rettungswegen
- Retten aus Höhen und Tiefen mit Rollgliss, Steck-, Strick- und Klappleitern sowie Fangleinen.

15.4. Tiefbauunfälle

15.4.1. Gefahren an der Einsatzstelle

Einsatzkräfte und Helfer werden bei Tiefbauunfällen insbesondere durch weiteres Einstürzen von Baugruben, Nachrutschen von Böschungen, aber auch Zerstörungen an Versorgungsleitungen, gefährdet.

Dagegen sind entsprechende Sicherungsmaßnahmen notwendig:

- Weiträumiges Absichern der Einsatzstelle gegen Fahrzeugverkehr und Personen
- Einsatzfahrzeuge sollten durch entsprechenden Abstand die Erhöhung des Bodendruckes und Erschütterungen im Bereich der Unfallstelle vermeiden
- Es sollten sich nur die unbedingt notwendigen Einsatzkräfte in unmittelbarer Nähe der Einsturzstelle aufhalten
- Abschiebern zerstörter Versorgungsleitungen

ACHTUNG! Unter Spannung stehende Verbauteile, die beseitigt werden müssen, dürfen erst dann getrennt oder bewegt werden, wenn der restliche Verbau dadurch nicht an Haltbarkeit verliert.

15.4.2. Einsatzmaßnahmen

Für die Feuerwehr ergeben sich bei solchen Unfällen eine Reihe von Aufgaben und Möglichkeiten:

- Um den in einer Baugrube arbeitenden Feuerwehrmann unterstützen zu können, sollte eine **Arbeitsbühne** rund um die Einsturzstelle errichtet werden
- Rettungszylinder, Montagelängen der Hebesätze sowie Winden lassen sich zum Versteifen als Erstmaßnahme verwenden
- Zum Aussteifen können die auf Rüstwagen mitgeführten Grabenstützen eingesetzt werden

ACHTUNG! Für Steifen dürfen keine Kanthölzer verwendet werden.

Rundhölzer min. 10 cm Ø, Bohlen min. 5 cm dick, 25 cm breit, 4,5 - 5 m lang, Brusthölzer 8 x 16 cm. (Ab 3,00 m Wandhöhen sind in DIN-Tabellen weitere Maße festgelegt)

- Ist die Lage des Verschütteten erkannt, ist das Freilegen des Kopfes und die Kontrolle der äußeren Atemwege die wichtigste Aufgabe; es versteht sich, daß im Nahbereich nur mit den Händen oder Kleingeräten (Klappspaten) gearbeitet werden kann
- Bei vorhandener Eigenatmung ist eine Sauerstoffgabe immer ratsam; bei fehlender Eigenatmung ist sofort nach Reinigung von Mund und Nase mit der Mund- zu Mundbeatmung zu beginnen
- Kann an der Einsturzstelle mit einem Bagger gearbeitet werden und die Lage des Verunglückten ist bekannt, so kann der Bagger bis etwa 0,5 m über dem Verunfallten den Boden ausheben; von hieran wird der Aushub von Hand in den Baggerkorb geschaufelt; der Korb kann dabei durch Seile geführt und gesichert werden.

ACHTUNG! Es ist unbedingt zu vermeiden, die noch teilweise verschüttete Person an den Gliedmaßen herausziehen zu wollen, da schwere äußere und innere Verletzungen nie auszuschliessen sind.

16. Physikalische und chemische Grundlagen für die Feuerwehrpraxis der Technischen Hilfeleistung

16.1. Maßangaben-Maßeinheiten

Basiseinheiten nach dem SI-Einheitensystem

Basisgröße	Basiseinheit	Kurzzeichen
Länge	Meter	m
Masse	Kilogramm	kg
Zeit	Sekunde	s
elektr. Stromstärke	Ampere	A
thermodynamische Temperatur (Wärme/Kraft)	Kelvin	K
Lichtstärke	Candela	cd

Abgeleitete Einheiten mit Bedeutung für die Feuerwehrpraxis

Größe	Formel-zeichen	Ableitung	gesetzliche Einheit
Masse	m	Basis	kg
Kraft	F	Masse x Beschleunigung	kgm/s^2= N (Newton)
Druck	p	Kraft/Fläche	N.m = J (Joule) 1 kcal = 4186,8 J
Energie Arbeit Wärme-menge	W	Kraft x Weg	N.m = J (Joule) 1 kcal = 4186,8 J
Leistung	P	Energie in Zeiteinheit	J/s = W (Watt) 1 kcal/h = 1,16 W

Physikalische Größen werden angegeben in
Maßzahl und Einheit

1 = Maßzahl m = Einheit Bezeichnung 1m

Das Dezimalsystem ermöglicht es, größere oder kleinere Einheiten zu schreiben. Hierbei können Vorsilben verwendet werden, die die einzelnen Multiplikationsfaktoren bezeichnen.

Deka	D	10	10^1	-fach
Hekto	h	100	10^2	Hektoliter hl
Kilo	k	1000	10^3	Kilometer km
Mega	M	1000 000	10^6	Meganewton MN
Giga	G	1000 000 000	10^9	
Tera	T	1000 000 000 000	10^{12}	

Dezi	d	1:10	10^{-1}	
Zenti	c	1:100	10^{-2}	
Milli	m	1:1000	10^{-3}	Milliliter ml
Mikro	µ	1:1000 000	10^{-6}	Mikrometer µm
Nano	n	1:1000 000 000	10^{-9}	
Pico	p	1:1000 000 000 000	10^{-12}	

Längenmessung Längeneinheit: 1 m

1 m	=	10 dm
1 dm	=	10 cm
1 cm	=	10 mm
1 µm	=	1/1000 mm

Flächenmessung Flächeneinheit: 1 m x 1 m = 1 m^2

1 m^2	=	100 dm^2
1 dm^2	=	100 cm^2

1 cm^2	=	100 mm^2		
100 m^2	=	1 Ar (a)		
100 a	=	10 000 m^2	=	1 Hektar (ha)
100ha	=	1000 000 m^2	=	1 Quadratkilometer (km^2)

Raummessung Raumeinheit: 1 m x 1 m x 1 m = 1 m^3

1 m^3	=	1000 dm^3		
1 dm^3	=	1000 cm^3		
1 cm^3	=	1000 mm^3		
1 Liter	=	1000 cm^3	=	1 dm^3

16.2. Hebelgesetz

Die goldene Regel der Mechanik

Bei der technischen Hilfeleistung spielt die Physik eine wesentliche Rolle. Mit technischen Mitteln, wie Geräten, Werkzeugen und Maschinen, wird mit einer bestimmten **Kraft** eine bestimmte **Arbeit** über einen bestimmten **Weg** verrichtet. Nach physikalischem Grundsatz besteht hierbei die Beziehung:

Arbeit (Nm) = Kraft (N) x Weg (m).

Um bei Einsätzen der technischen Hilfeleistung den Kraftaufwand möglichst niedrig zu halten, sind Kenntnisse physikalischer Grundregeln notwendig. Die Formel **Kraft x Weg = Arbeit** wird als **Goldene Regel der Mechanik** bezeichnet. Sie sagt aus: wenn man an Kraft einsparen kann, muß man an Weg (Zeit) zugeben, will man an Weg einsparen, so muß man Kraft hinzusetzen.

Wird beispielsweise eine Last von 200 N um 0,5 m angehoben, so wird eine Arbeit von 100 Nm verrichtet.

Wird eine Last von 100 N um 1,0 m angehoben, so wird ebenfalls eine Arbeit von 100 Nm verrichtet.

Kraft x Weg = Arbeit 200 N x 0,5 m = 100 Nm

100 N x 1,0 m = 100 Nm

Der Hebel

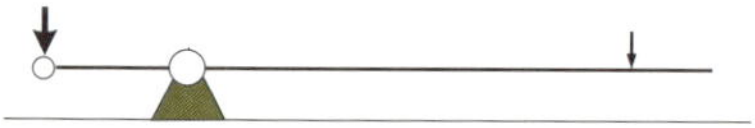

Zweiseitiger Hebel

Der Hebel ist ein um eine Achse drehbarer starrer Körper (z.B. Brechstange), der zum Heben oder Verschieben von Lasten dient. Er gehört zur Gruppe der einfachen Maschinen. Der Hebel ist **zweiseitig**, wenn Kraft und Last auf verschiedenen Seiten der Achse (Drehpunkt) angreifen. Die Wirkung, die eine Kraft ausübt, wird als Drehmoment bezeichnet. Ist die Wirkung auf beiden Seiten gleich, dann befindet sich der Hebel im Gleichgewicht. Die Drehwirkung ist aber auch von der Länge der Hebelarme, die als Kraftarm und Lastarm bezeichnet werden, abhängig. Sie wird nach dem **Hebelgesetz** berechnet.

Am Hebel herrscht Gleichgewicht, wenn das Produkt aus **Last x Lastarm gleich** dem Produkt aus **Kraft x Kraftarm** ist.

Last x Lastarm = Kraft x Kraftarm oder

$$F \times k = F_1 \times l$$

Der Hebel ist **einseitig**, wenn Kraft und Last auf einer Seite des Drehpunktes liegen.

Stehen Kraft- und Lastarm in einem bestimmten Winkel zueinander spricht man von einem **Winkelhebel**.

MERKE: das Hebelgesetz gilt auch am einseitigen- sowie am Winkelhebel.

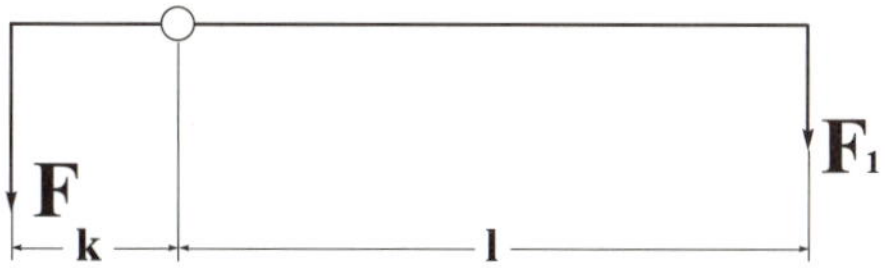

Hebelgesetz

Last x Lastarm = Kraft x Kraftarm

$F \times k = F_1 \times l$

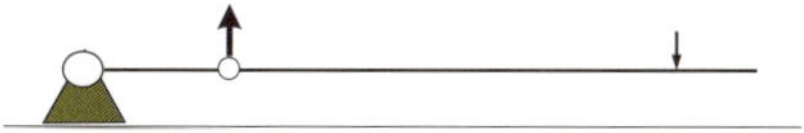

Einseitiger Hebel

Winkelhebel

Die goldene Regel der Mechanik ist auch bei der Anwendung eines Hebels zu beachten. Verlagert man den Drehpunkt zu Gunsten des Kraftaufwandes, muß ein größerer Weg zurückgelegt werden.

Einfache Berechnungsbeispiele

Brechstange und Hebebaum sind bewährte Hebegeräte für Sofortmaßnahmen im technischen Hilfeleistungseinsatz. Voraussetzung für sicheren und ergonomischen Einsatz sind Kenntnis und Anwendung des Hebelgesetzes.

Drehpunkt dicht an der Last = wenig Kraft/ langer Weg

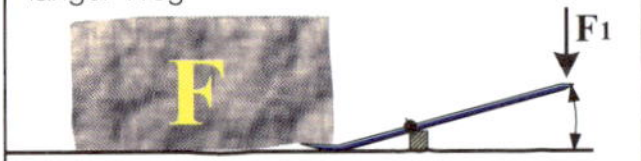

Drehpunkt weiter entfernt = mehr Kraft/ kürzerer Weg

Beispiel a): Um ein Betonteil anzuheben, soll die genormte 1200 mm lange Brechstange eingesetzt werden. Ein Kantholz kann so unter der Brechstange plaziert werden, daß die Auflage (Drehpunkt) 300 mm vom Brechstangenende entfernt ist. Geht man davon aus, daß ein Feuerwehrmann in der Lage ist, eine Kraft von 700 N (70 Kp) aufzubringen, kann nach dem Hebelgesetz berechnet werden, welche Last in diesem Fall mit der Brechstange gehoben werden kann.

gegeben: $F_1 = 700\ \text{N}$

$k = 900\ \text{mm}$

$l = 300\ \text{mm}$

$$\frac{700\ \text{N} \times 900\ \text{mm}}{300\ \text{mm}} = F$$

gesucht: F

$F = 2100\ \text{N}\ (210\ \text{kg})$

Beispiel b): Ein Kleintransporter, unter dem eine Person eingeklemmt ist, soll mit dem 3 m langen Hebebaum angehoben werden. Beim Ansetzen ergibt sich ein Lastweg von 0,20 m. Um das Fahrzeug anzuhebeln, ist eine Last von 980 kg zu bewegen. Welche Kraft muß ein Feuerwehrmann hierfür am Hebebaum aufbringen?

gegeben: $k = 2{,}80\ m$

$F = 9800\ N$

$l = 0{,}20\ m$

$$F_1 = \frac{9800\ N \times 0{,}20\ m}{2{,}80\ m}$$

gesucht: F_1

$$F_1 = 700\ N\ (70\ Kp)$$

16.3. Anwendung von Loser und Fester Rolle

Rollen gehören bei der Feuerwehr zum Zubehör der manuellen- und maschinellen Zugeinrichtungen. Eine Rolle besteht aus einer Kreisscheibe mit Nut, über die ein Seil läuft, wobei sich die Rolle um ihre Achse dreht. An den Enden des um die Rolle gelegten Seiles wirkt am einen Ende die Kraft **F** und am anderen Ende die Last **L**.

Je nach Befestigungsart wird eine Rolle als **Feste Rolle** oder als **Lose Rolle** bezeichnet.

16.3.1. Feste Rolle

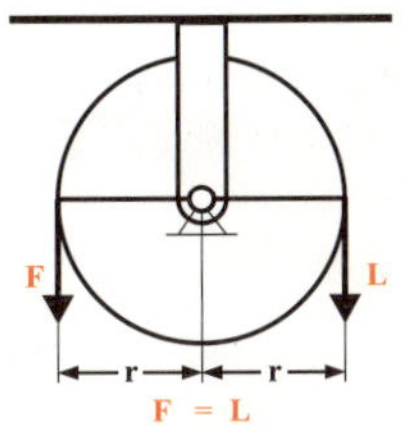

Feste Rolle

Wird eine Rolle an einem festen Punkt (nicht an der zu bewegenden Last) angeschlagen, so wird sie als Feste Rolle bezeichnet. Um zu erkennen, daß eine Feste Rolle keinerlei Vorteile hinsichtlich der aufzubringenden Kraft erbringt, kann man sie mit einem zweiseitigen Hebel vergleichen. Die beiden Halbmesser der Rolle ergeben die Hebelarme. Da beide Hebel gleich lang sind, muß die aufzubringende Kraft gleich groß der Last sein.

MERKE: An der Festen Rolle herrscht Gleichgewicht, wenn **F = L** ist

ACHTUNG!

- Die Kräfte **F** und **L** wirken gemeinsam über die Rolle auf den Festpunkt, der in der Lage sein muß, diese Kräfte aufzunehmen
- Die Rolle muß für die entsprechende Belastung ausgelegt sein, der Rollendurchmesser muß mindestens dem 25-fachen des Zugseildurchmessers entsprechen.

Bei der Nutzung der Festen Rolle besteht die Möglichkeit, die Kraftangriffsrichtung beliebig zu ändern.

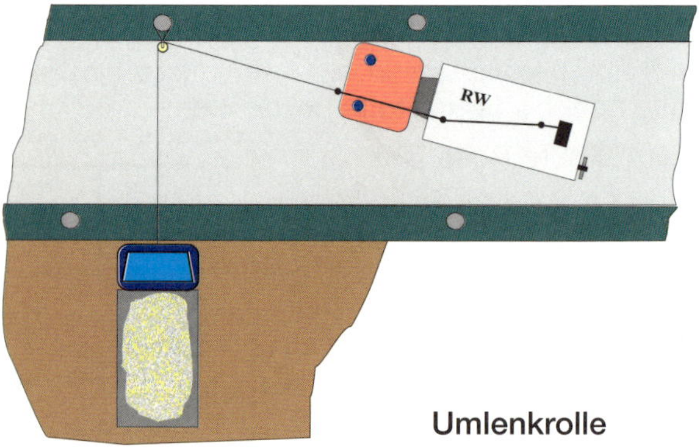

Umlenkrolle

Anwendung

Da bei maschinellen Zugeinrichtungen in Fahrzeugen ein Schrägzug in der Regel nur bis 25° möglich ist, kann es vorkommen, daß das Zugfahrzeug nicht in direkter Zugrichtung in Stellung gebracht werden kann. In diesem Fall kann die Feste Rolle als **Umlenkrolle** eingesetzt werden.

Um Lasten per Hand oder Zugeinrichtung zu heben, kann die Feste Rolle zum Umlenken vorteilhaft eingesetzt werden.

16.3.2. Lose Rolle

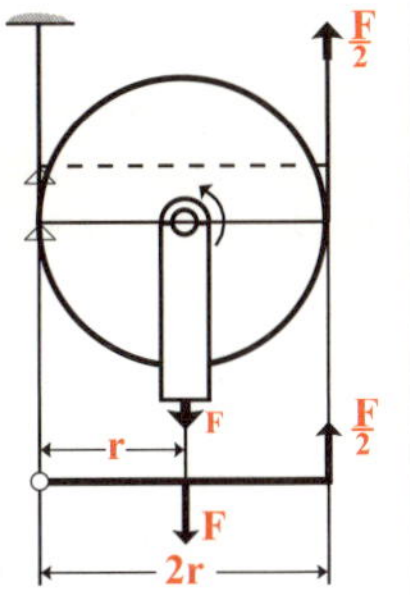

Lose Rolle

Wird eine Rolle direkt an einer Last, ein Ende des umschlungenen Seiles an einem Festpunkt, das andere Ende an einer Zugvorrichtung, befestigt, so wird sie als Lose Rolle bezeichnet. Bei der Losen Rolle nehmen die beiden Seilstränge jeweils die Hälfte der Last auf. Daraus folgt, daß die Zugvorrichtung nur durch die Hälfte der Last beaufschlagt wird. Verglichen mit dem Hebel ergibt sich bei der Losen Rolle ein anderer Kraftverlauf. Die Rolle wandert beim Zug an dem feststehenden Seilstrang entlang. Dieser bildet in jeder Position der Rolle den Drehpunkt des Hebels. Die Kraft des ziehenden Seilstranges wirkt an der gegenüberliegenden Seite der Rolle auf den Drehpunkt. Der Kraftarm ist demzufolge gleich dem Rollendurchmesser und stellt einen einseitigen Hebel dar. Die Last wirkt über die Rollenbefestigung auf die

Mitte der Rolle. Der Lastarm ist demzufolge gleich dem Rollenhalbmesser. Da der Kraftarm doppelt so lang ist wie der Lastarm, wird die benötigte Zugkraft nach dem Hebelgesetz halbiert.

MERKE: An der Losen Rolle herrscht Gleichgewicht, wenn die **Kraft F halb so groß wie die Last L ist!**

ACHTUNG!

- Was an Kraft gespart wird, muß an Weg (Zeit) zugesetzt werden, d.h., bewegt sich die Last um einen Meter, so muß die Zugeinrichtung 2 Meter Seil transportieren
- Die Rolle, das Anschlagmittel sowie der Festpunkt müssen für die doppelte Zugkraft ausgelegt sein.

Anwendung

Wo im direkten Zug die Zugkraft einer Zugeinrichtung nicht ausreicht, kann durch den Einsatz einer Losen Rolle die notwendige Zugkraft halbiert werden. Das „Kleine Rollen-Ein-mal-Eins“ stellt den Einsatz der Losen Rolle auch in der Kombination mit einer Festen Rolle dar.

16.3.3. Flaschenzug

Der einfache Flaschenzug besteht aus einer oder mehreren festen und derselben Anzahl loser Rollen, die in Scheren oder Flaschen befestigt sind.

Die Bestückung der Feuerwehrfahrzeuge erlaubt in der Regel nur eine Rolle je Zugeinrichtung, wobei die jeweilige Rolle auf die doppelte Zugkraft ausgelegt ist. Beim Einsatz des Greifzuges vom RW2 kann die

Rolle der Winde für die Kombination eines Flaschenzuges eingesetzt werden.

MERKE: Der zusätzliche Einsatz einer Festen Rolle bewirkt auch in einer Kombination nur das Umlenken der Zugkraft. Je nach Rollenanordnung kann die Last jedoch auf 2 oder 3 Seilstränge verteilt werden!

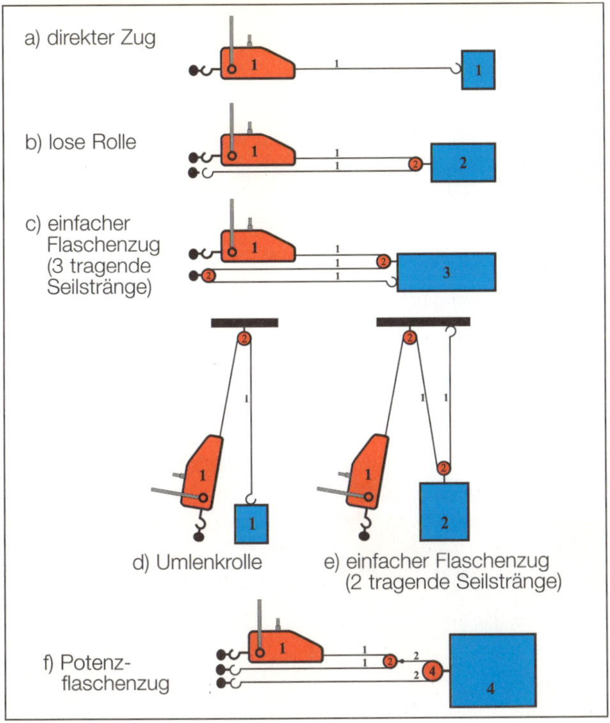

Setzt man die 2 Rollen nacheinander als Lose Rollen ein, erhält man einen **Potenzflaschenzug**, mit dem die Zugkraft auf $^{1}/_{4}$ reduziert werden kann. Wie aus der Abbildung ersichtlich, ist hierbei das Einscheren eines zweiten Zugseiles notwendig.

ACHTUNG!

- Entsprechend der Belastbarkeit wird bei der Anwendung des Potenzflaschenzuges die größere Rolle an der Last, die kleinere Rolle davor eingeschert
- Da ein zweites Zugseil kaum zur Verfügung steht, müßte für einen Potenzflaschenzug ein längeres Anschlagseil benutzt werden, hierbei ist ganz besonders auf die zulässige Belastbarkeit des Seiles, der Anschlagmittel und Befestigungspunkte zu achten.

16.4. Grundlagen der Hydraulik

Die Hydro-Mechanik ist die Lehre von den Gesetzen ruhender und bewegter Flüssigkeiten (Öl, Wasser u. a.) in der Technik. Die Tatsache, daß sich die Teilchen einer Flüssigkeit nicht zusammendrücken, wohl aber gegeneinander verschieben lassen, wird zur Kraftübertragung ausgenutzt.

MERKE:
Wird auf eine Flüssigkeit in einem geschlossenen System über einen Kolben ein Druck ausgeübt, breitet sich durch die Verschiebbarkeit der Flüssigkeitsteilchen dieser Druck nach allen Seiten gleich aus!

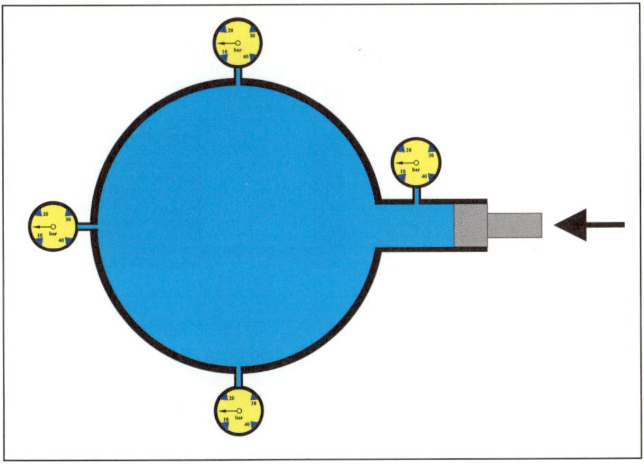

Die auf den Kolben in einem Rohrsystem wirkende Kraft wird in der Maßeinheit Kraft, in N, gemessen. Diese Kraft (= Druck) verteilt sich am Ende einer Leitung auf die Fläche eines beweglichen Kolbens. Maßeinheit der Fläche: m^2. Es ergibt sich die Maßeinheit des Druckes als **Kraft pro Flächeneinheit** oder **N/m²**. Die SI-Einheit des Druckes ist das Pascal. Besonderer Name für den zehnten Teil des Megapascal ist das Bar, mit dem Einheitenzeichen: bar (100 000 Pascal = 10 N/cm^2 = 1 bar). Ist der Querschnitt am Ende einer Rohrleitung gleich groß wie der des Kolbens am Anfang, so herrscht auch hier die gleiche Kraft.

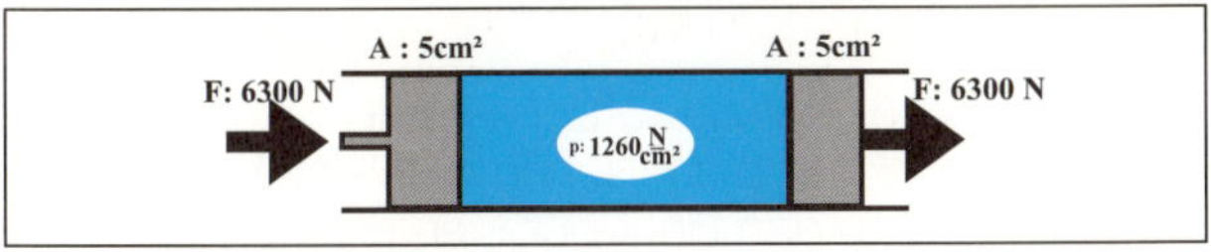

Beispiel:
wirken 6300 N (630 bar) auf eine Kolbenfläche von 5 cm^2, so ergibt sich ein Druck in der Leitung von 6300 N : 5 cm^2 = 1260 N/cm^2 (126 bar). Da dieser Druck im gesamten Rohrsystem auf jeden cm^2 wirkt, ergibt sich an einem gleich grossen Rohrende wieder die gleiche Kraft von 6300 N.

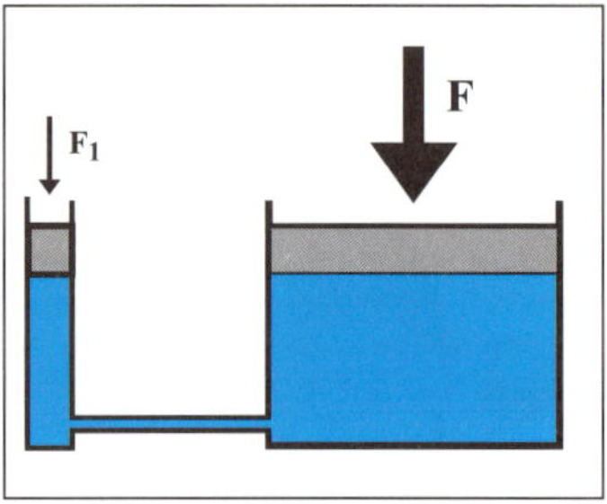

Durch Vergrößerung der Fläche eines beweglichen Kolbens am Ende einer Rohrleitung kann die wirkende Kraft beliebig vergrößert werden.

Beträgt die Fläche am Ende der Leitung 10 cm^2 und herrscht im Rohrsystem ein Druck von 126 bar, so ergibt sich eine Kraft am großen Kolben von 1260 N/cm^2 mal 10 cm^2 = 12600 N.

MERKE: Mit einem geringen Kraftaufwand an einem Pumpenkolben kann man an einem größeren Druckkolben einen erheblich größeren Druck erzeugen!

ACHTUNG! Auch hierbei gilt die goldene Regel der Mechanik: der Weg des Pumpenkolbens (Kraftweg) beträgt ein mehrfaches des Weges des Druckkolbens (Lastweg).

Nach diesem Prinzip arbeiten alle hydraulischen Heber, die bei der technischen Hilfeleistung Verwendung finden. An den Handpumpen der hydraulischen

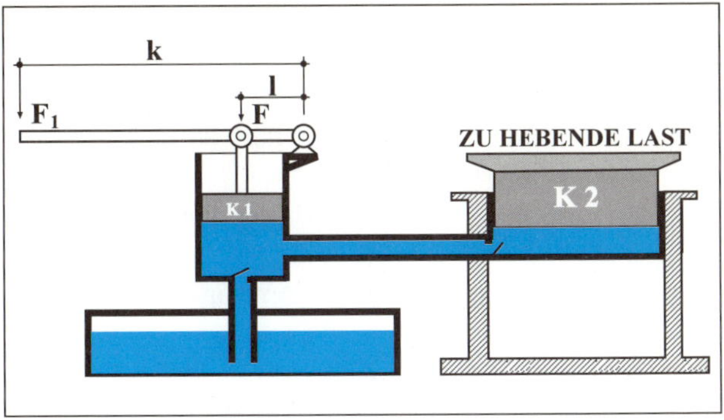

Heber wird mittels des einseitigen Hebels ein hoher Druck auf den Druckerzeugungskolben gebracht.

Begriffsbestimmungen

Betriebsdruck (bar)

- Ist der von Hand- oder Motorpumpen erzeugte Druck
- Dieser Öldruck darf den max. zulässigen Betriebsdruck der Zylinder, Anschlußteile und Schläuche nicht übersteigen.

Kolbenhub (cm)

- Ist die Aus- bzw. Einfahrlänge der Zylinderkolben.

Ölbedarf (cm^3)

- Der Ölbedarf der Zylinder errechnet sich aus den Faktoren Kolbenfläche x Hub
- Die im Tank vorhandene nutzbare Ölmenge der verwendeten Hydraulikpumpe soll mindestens 20% höher liegen als der Ölbedarf der zu betreibenden Zylinder.

Druckkraft (N)

- Die Druckkraft von Hydraulikzylindern errechnet sich aus den Faktoren Kolbenfläche x Betriebsdruck
- Die Druckkraft des Zylinders muß die zu hebende Last übersteigen
- Die Druckkräfte mehrerer Zylinder summieren sich bei paralleler Anwendung.

16.5. Gefährdungsmerkmale entzündbarer flüssiger Stoffe

Brennbare Flüssigkeiten bilden sehr leicht Dämpfe. Die Unterscheidung zwischen Gasen und Dämpfen beruht auf einer technischen Festlegung. Einfach ausgedrückt sind Gase der gasförmige Zustand von Stoffen, die bei 1013 hPa einen Siedepunkt von 20°C oder darunter aufweisen. Dämpfe sind der gasförmige Zustand von Stoffen, die einen Siedepunkt über 20°C bei 1013 hPa aufweisen. Physikalisch betrachtet besteht zwischen dem Verhalten von Gasen und Dämpfen in der Atmosphäre kein Unterschied.

MERKE: Viele Gefahren, die bei brennbaren Gasen auftreten, treffen auch auf die Dämpfe brennbarer Flüssigkeiten zu.

16.5.1. Brandgefahren

Der Siedepunkt der brennbaren Flüssigkeiten liegt in der Regel über der Umgebungstemperatur. Unterhalb des Siedepunktes können durch Verdunsten explosionsfähige Atmosphären aufgebaut werden. Sie erreichen jedoch keine so große räumliche Ausdehnung wie brennbare Gase. Eine Zündung ist deshalb nur in unmittelbarer Nähe der Lachen oder

Behälter möglich. In geschlossenen Räumen ist der Aufbau von hohen Drücken nach der Zündung und damit die Gefahr von Raumexplosionen gegeben.

ACHTUNG! Strömende Medien, insbesondere elektrisch schlecht leitende Kohlenwasserstoffe in isolierenden Schläuchen, laden sich elektrostatisch auf; eine Entladung gegen Erde kann zur Funkenbildung und zur Zündung der Flüssigkeitsdämpfe führen; es ist auf eine durchgängig leitende Verbindung vom Entnahmebehälter über die Schläuche, Armaturen und Fördergeräte bis zum Aufnahmebehälter zu achten.

16.5.2. Ausbreitungsgefahren

Wird das Ausdehnungsvermögen, insbesondere von Kohlenwasserstoffen, durch vollständiges Befüllen von Behältern nicht beachtet, so können diese bei geringem Temperaturanstieg platzen. Der Druckanstieg pro °C ist um ein vielfaches größer als der bei Gasen. Flüssigkeiten können sich an der Oberfläche, entsprechend des Geländeprofils, aber auch über die Kanalisation oder fließende Gewässer ausbreiten. Dies ist mit der Gefahr der Zündung an weiter entfernten Zünquellen verbunden. Die meisten organischen Flüssigkeiten mischen sich nicht mit Wasser, haben eine geringere Dichte als Wasser und breiten sich deshalb sehr gut auf der Wasseroberfläche aus. Großflächige Ausbreitung auf Wasser behindert die Verdunstung kaum, was die Einsetzbarkeit des Löschmittels Wasser sehr beschränkt.

16.5.3. Gesundheitsgefahren

Dämpfe von Flüssigkeiten, die giftige, ätzende oder anderweitige gesundheitsschädliche Eigenschaften haben, sind Atemgifte. Bei Kontakt können diese Flüssigkeiten gefährlich auf die Haut wirken oder über die Haut in den Körper eindringen. Die brennbaren Flüssigkeiten sind häufig sehr komplexe Moleküle, die bei der Verbrennung einen sehr hohen Sauerstoffbedarf haben. Die Verbrennung verläuft deshalb in der Regel unvollständig, wobei große Mengen schwer zu definierender Pyrolyseprodukte, mit zum Teil gefährlichen Eigenschaften, entstehen. Diese führen über den Brandrauch zur Kontamination der näheren und weiteren Umgebung. Bei der Benetzung der Kleidung werden die Flüssigkeiten aufgesogen und führen bei einer Zündung zu schwersten Verbrennungen.

ACHTUNG! Flüssigkeiten können über die Atmosphäre als Dampf oder bei direktem Kontakt mit der Haut gefährlich auf den menschlichen Körper wirken; es sind daher **Atem- und Körperschutz für Einsatzkräfte** vorzusehen.

MERKE:

- Je kleiner die Oberfläche einer Flüssigkeit ist, desto weniger verdunstet pro Zeiteinheit
- Ist die Oberfläche vollständig abgedeckt, kann es nicht mehr zur Bildung zündfähiger Dampf-Luft-Gemische kommen
- Vorhandene Zündquellen beseitigen, bzw. nicht in den Gefahrenbereich gelangen lassen

- **Ex-geschützte Geräte verwenden!** (Kabeltrommeln, Beleuchtungsgeräte, Pumpen, Funkgeräte, Werkzeuge usw.)

ACHTUNG! Elektrostatische Aufladungen sind als Zündquellen zu betrachten.

Temperaturklassen

Elektrische Betriebsmittel werden nach ihrer maximalen Oberflächentemperatur in die Temperaturklassen

T 1 bis T 6 eingeteilt. Zur Vermeidung von Zündungen dürfen elektrische Betriebsmittel einer bestimmten Temperaturklasse in Gegenwart explosionsfähiger Atmosphäre nur eingesetzt werden, wenn die niedrigste Zündtemperatur der in Frage kommenden Atmosphäre höher ist als die maximale Oberflächentemperatur.

T 3- max. Oberflächentemperatur = 200 °C; Beispiel mit Zündtemperatur: Dieselöl = 220 – 350°C.

Anlagen

Tabelle 1 Spezifische Merkmale der Fahrzeugbezeichnung

Cod-zahl	spezifisches Merkmal	Codierung	zutreffende Hauptgruppe
Buch-stabe	Gewichtsklassen (zul. ges. Gew.)	l = „leicht" (2,0t bis 7,5t) M = „mittel" (7,5t bis 14t) S = „super" (über 14t)	alle Hauptgruppen
1. Zahl	Fahreigenschaft	1 = Straßenfahrzeug 2 = geländefähig 3 = geländegängig	alle Hauptgruppen
2. Zahl	Sitzplatzkapazität	3 = 1 : 2 6 = 1 : 5 9 = 1 : 8	Fahrzeuge der 1., 2. und 4. Hauptgruppe
	Mannschaftsstärke		Fahrzeuge der 3., 5., 8. und 9. Hauptgruppe
	Transport-Mannschafts-Personal		Fahrzeuge der 6. Hauptgruppe
3. Zahl	Wasservorrat	500 l; 1200 l; 2400 l	Fahrzeuge der der 1. Hauptgruppe
	Höhenklassifikation		Fahrzeuge der 2. Hauptgruppe
	Anzahl der Patienten auf Tragen		Fahrzeuge der 3. Hauptgruppe
	Energieversorgung	1 = elektrisch 2 = hydraulisch 3 = pneumatisch 4 = andere	Fahrzeuge der 4. Hauptgruppe
	Hauptgruppen	A=Identifizierung; (A1 chem., A2 radioaktiv) B=Aktion; (B1 chem., B2 radioaktiv)	
	Stärke der Einsatzmannschaft		Fahrzeuge der 6. Hauptgruppe
	Zahl der Passagiere		Fahrzeuge der 7. Hauptgruppe

Cod-zahl	spezifisches Merkmal	Codierung	zutreffende Hauptgruppe
4. Zahl	Pumpenleistung	8/1600; 10/2000 Druck/Förderstrom	Fahrzeuge der 1. Hauptgruppe
	mit oder ohne Pumpe	0 = ohne; 1 = mit	Fahrzeuge der 2. Hauptgruppe
	Klassifizierung	a=Notarztfahrzeug b=Rettungsfahrzeug c=Krankentransportfahrz.	Fahrzeuge der 3. Hauptgruppe
	befestigte Schadens-behebungseinrichtung	0 = ohne 1 = mit	Fahrzeuge der 4. Hauptgruppe
	Bergeausrüstung	0= ohne; 1 = mit	Fahrzeuge der 5. Hauptgruppe
	Energieversorgung	0 = ohne; 1 = mit	Fahrzeuge der 6. Hauptgruppe
5. Zahl	besondere Ausrüstung	0 = ohne; 1 = mit Im Falle der besonderen Ausrüstung, ist diese zu benennen	Fahrzeuge der 1., 2., 3. und 5. Hauptgruppe
	Fernmelde/oder Einsatzleitstelle	1= Fernmeldeverbindung 2= Einsatzleitstelle	Fahrzeuge der 6. Hauptgruppe

Achtung: Die Hauptgruppen 8. und 9. wurden in Folge fehlender Bezüge zur Technischen Hilfeleistung in der Tabelle nicht vollständig berücksichtigt!

Beispiel: LF M-2-9-1200 l-8/1600-1 (maschinelle Zugeinrichtung)

LF = Löschfahrzeug
M = zulässiges Gesamtgewicht: „mittel“ (7,5t bis 14t)
2 = geländefähig
9 = Besatzung 1 : 8
1200 = 1200 l Wasservorrat
8/1600 = Pumpenförderleistung 10bar bei 1600 l/min1
1 = besondere Ausrüstung

Tabelle 2 Spreizertypen nach DIN 14 751

Typ	SP-30	SP-45
Antrieb	E/V	E/V
Öffnungsweg	min. 600 mm	min. 800 mm
Spreizkraft	30-44 kN	> 45 kN
Zugkraft	> 24 kN	> 36 kN
Gewicht	max. 25 kg	max. 32 kg

Tabelle 3 Schneidgeräte nach DIN 14 751

Typ	S 90	S 150
Antrieb: Hand- oder Fußpumpe = H Elektromotorpumpe = E Verbrennungsmotorpumpe = V	H/E/V	E/V
Maulweite	min. 90 mm	min. 150 mm
Gewicht	max. 16 kg	max. 25 kg

Tabelle 4 Rettungszylinder alter- und neuer Bauart der Fa. Weber

Typ	eingef. Baulänge	Hub	ausgef. Baulänge	Druckkraft	Zugkraft	Gewicht
DZ 45/36-310	580	310	890	64 kN	36 kN	12,8 kg
DZ 45/36-590	860	590	1450	64 kN	36 kN	18,7 kg
RZ 1-850	530	320	850	120 kN	23 kN	13,2 kg
RZ 2-1250	750	500	1250	120 kN	23 kN	16,8 kg
RZ 3-1600	1100	500	1600	120 kN	23 kN	19,5 kg

Tabelle 5 Geräte der neuen Bundesläder (RHÖNA)

Typ	Schneid-bereich mm	Sauerstoff-Druck-bar	Brenngas-Druck-bar	Sauerstoff-Verbr.-m³/h	Brenngas-Verbr.-m³/h
U0	3-5	5,0	0,5	1,6	0,7
U1	5-15	5,0	0,5	2,2	0,7
U2	15-30	5,0	0,5	3,6	0,7
U3	30-60	5,0	0,5	5,6	0,7
U4	60-100	5,0	0,5	10,2	0,8

Tabelle 6 gasemischende Handbrennschneiddüsen-System COOLEX-

Typ	Schneid-bereich mm	Sauerstoff-Druck-bar	Brenngas-Druck-bar	Sauerstoff-Verbr.-m³/h	Brenngas-Verbr.-m³/h
HA317	bis 50	1,0-3,1	0,3-0,8	3,2-6,3	0,74
HA317	50 bis 100	1,8-4,9	0,3-0,8	6,4-12,4	1,05
HA317	100 bis 200	4,2-7,4	0,5-0,8	14,5-23,0	1,20

Tabelle 7 Injektor-Brennschneiddüsen (RHÖNA)

Typ	Schneid-bereich mm	Sauerstoff-Druck-bar	Brenngas-Druck-bar	Sauerstoff-Verbr.-m³/h	Brenngas-Verbr.-m³/h
AC	3-10	2-3	0,5	1,5-2,0	0,3
AC	10-25	3-4	0,5	2,7-3,2	0,35
AC	25-40	4-5	0,5	2,7-3,2	0,35
AC	40-60	4-5	0,5	4,5-5,5	0,35
AC	60-100	5-6	0,5	8,6-10,0	0,40

Tabelle 8 Technische Daten (Vetter-Hebekissen 0,5 bar)

DIN-Bezeichnung		LH 50S	LH 30S	LH 20S	LH 10S
Hubkraft (2Kissen),	kN(to)	113(11,3)	65(6,5)	45(4,5)	29(2,9)
Hubhöhe gem. DIN 14152,	cm	110	62	60	45
Durchmesser,	cm	120	91	76	61
Arbeitsdruck, max.	bar	0,5	0,5	0,5	0,5
Luftbedarf für 2 Kissen,	Liter	3.729	1.209	816	393
Einschubhöhe, ca.	cm	3	3	3	3
Gewicht Satz ca.	kg	58	39	34	28

DIN-Bezeichnung LH 50 S bedeutet: LH = Luftheber; 50 = Nennkraft von mindestens 50 kN; S = Seitenwand

Tabelle 9 Vetter-Mini-Hebekissen 8 bar

Typ (V=Vetter)		V 10	V 12	V 18	V 24	V 31
Hubkraft max.	kN	96	120	177	240	314
Hubhöhe	cm	20,3	20	27	30,6	37
Arbeitsdruck max.	bar	8	8	8	8	8
Größe	cm	37 x 37	32 x 52	47 x 52	52 x 62	65 x 69
Luftbedarf bei 8 bar	l	82,8	96,3	195,3	296,1	517,5
Einschubhöhe	cm	2,5	2,5	2,5	2,5	2,5

Tabelle 10 Vetter- Super-Mini-Hebekissen 8 bar

Typ (V=Vetter)		V 1	V 3	V 6
Hubkraft max.	kN	10	32,9	63,6
Hubhöhe	cm	7,5	12,0	16,5
Arbeitsdruck max.	bar	8	8	8
Größe	cm	14x13	25,5x20	30,5x30,5
Luftbedarf bei 8 bar	l	2,7	15,8	39,6
Einschubhöhe	cm	2,5	2,5	2,5

Tabelle 11 Technische Daten „Büffelwinden"

Typ	Hub pro Pumpspiel mm		Bauhöhe H 1 mm	Hub H 2 mm	Breite B 1 x B 2 mm	Klauenl. KL mm
	Leerhub	Lasthub				
B 5	2,1	2,1	650	280	225x150	75
B 10	2,7	1,1	800	350	235x155	75

Tabelle 11a Technische Daten „Büffelwinden"

Typ	max. Belastung kg	Gewicht ohne Fuß kg	Klauenhöhe (Kh) mm					
			Kh 1	Kh 2	Kh 3	Kh 4	Kh 5	Kh 6
B 5	5 000	25	78	148	218	288	-	-
B 10	10 000	34	81	161	241	321	401	481

Tabelle 12 Geräte und Zubehör der Hebesätze H1 und H2

Abb.	Anz. H 1	Anz. H 2	Bezeichnung	Technische Daten
A	1	1	Doppelkolben-Handpumpe	- für Hoch- und Niederdruckbereich, mit Ablaßventil; - pN 630 bar, Niederdruckbereich bis ca. 140 bar; - Füllvolumen: 3 l, Nutzvolumen (waag.): 2,5 l; - Temperaturbereich: - 20°C bis + 80°C; - anmontiert: 1 Höchstdruckschlauch, 2 m lang, mit Steckkupplungsmuffe für einfachwirkende Geräte; - montierbar: Rücklaufleitung für doppelt-wirkende Geräte, z.B. Schneidgerät, VARIO, Rettungszylinder; - Betriebsmedium: Werksbefüllung: Aero Shell Fluid 4
A/1	1	—	Einkolben-Handpumpe	- für Hochdruckbereich, mit Ablaßventil; pN 630 bar; - Füllvolumen: 0,9 l, Nutzvolumen (waag.): 0,75 l - anmontiert: 1 Höchstdruckschlauch, 2 m lang, mit Steckkupplungsmuffe.
B	2	2	Druckzylinder Typ ERS 40-15	- einfachwirkend mit Rückholfeder und Kupplungsstecker mit Schnellstop; - an diese Druckzylinder können keine Zubehörteile montiert werden.
C	2	—	Druckzylinder Typ ERGS 54-150	- einfachwirkend mit Rückholfeder und Kupplungsstecker mit Schnellstop; - für die Befestigung der Zubehörteile sind Gewinde M42 x 2 an der Bodenseite und an der Kolbenstange vorhanden; - Zubehörteile haben ein zu den Kolbenstangen der Hydrozylinder ERGS 54 passendes Gewinde M42 x2; nach Entfernen des Schutzringes kann am Außengewinde des Zylindermantels die Anhebeklaue aufgeschraubt werden.
D	2	2	Druckzylinder Typ ERGS 54 -150	- wie Typ ERGS 54 -50.

Abb.	Anz. H 1	Anz. H 2	Bezeichnung	Technische Daten
E	1	1	Zweiwege-verteiler	- mit Regulierventilen; - 2 montierten 6,5 m langen Höchstdruckschläuchen; - ermöglicht die Steuerung des Hub- und Senkvorganges der Hydrozylinder.
F	4	2	Fußplatten	- rechteckig, Auflagefläche ca. 80 cm^2; - mit Innengewinde M42 x 2.
G	4	2	Schutzkappen	- Auflagefläche ca. 20 cm^2; (Lieferumfang der Druckzylinder)
H	4	2	Schutzringe.	(Lieferumfang der Druckzylinder)
I	2	—	Verlängerungs-rohre	- 500 mm lang, Außengewinde M42 x 2.
J	2	2	Verlängerungs-rohre	- 250 mm lang, Außengewinde M42 x 2
K	4	2	Gewindenippel	- Außengewinde M42 x 2, zur Montage von Zubehörteilen an der Bodenseite der Zylinder.
L	2	2	Anhebeklauen (Fußheber)	- eine Anhebeklaue läßt sich nach Abschrauben des Schutzringes an die 150 kN Druckzylinder so montieren, daß die glatte Seite zur Kolbenstange zeigt; - wird an der Kolbenstange eine Fußplatte oder Schutzkappe montiert und der Zylinder umgekehrt auf die Fußplatte oder Schutzkappe gestellt, lassen sich so tiefliegende Lasten bis 150 kN bewegen.
M	2	2	Keilstücke	- Innengewinde M42 x 2
N	1	1	Spreizschnabel Typ SP 1	- mit Rückholfeder und Kupplungsstecker mit Schnellstop; - einsetzbar bei beengten Verhältnissen zum Spreizen, Drücken und Heben;
0	4	2	Gewindemuffen	- Innengewinde M42 x 2

Tabelle 13 Technische Daten -Druckzylinder und Spreizschnabel

Typ	kN	Hub	H	D	pN bar	Gewicht kg
SP 1	5	85	–	–	630	–
ERS 40 – 15	80	15	65	55	630	1,2
ERGS 54 – 50	150	50	185	68	630	4,2
ERGS 54 –150	150	150	295	68	630	6,5

Tabelle 14 Technische Daten verschiedener Greifzüge

Typ	Nutz-kraft	Vorschub je Doppelhub	Kraftauf-wand bei Vollast	Seillänge und Ø	Rechn. Bruchkraft	Gewicht ohne Seil
daN=kg	(daN)	(mm)	(daN)	(m/mm)	(daN)	(kg)
TU 16	1600	60	40	20/11,5	10 000	20,5
TU 32	3200	35	45	10/16	20 000	29,5
T 516	1600	42	40	20/11,5	10 000	15,5
T 532	3200	23	45	10/16	20 000	25,0

Tabelle 15 Technische Daten verschiedener Treibmatic-Typen

Typ	Zugkraft (kN) über gesamte nutzbare Seillänge (45 m)	Seildurchmesser mm	Üblicher Einbau in Feuerwehr-fahrzeugen
TR 030	50	13	RW 1, RW 2, LF 24, (TLF 16)
TR 080	80	16	KW, Sonderfahrzeuge
TR 200	150	25	RW 3, KW, Sonder-Fzg.

(Durch Einscheren einer losen Rolle kann die Zugkraft der TREIBMATIC des RW 2 von 50 kN auf 100 kN verdoppelt werden)

Tabelle 19a Tragfähigkeit von Rundschlingen

	Tragfähigkeit (kg) mit einer Schlinge							Tragfähigkeit (kg) mit zwei Schlingen			
	einfach	einfach	einfach umgelegt Neigungswinkel β					Neigungswinkel β			
DIN Form A3N Beisp.	direkt	ge-schnürt	bis 7°	über 7° bis 45°	über 45° bis 60°	bis 45°	über 45°	direkt bis 45°	ge-schnürt bis 45°	direkt über 45° bis 60°	geschn. über 45° bis bis 60°
Faktor	1,0	0,8	2,0	1,4	1,0	0,7	0,5	1,4	1,12	1,0	0,8
	2000	1600	4000	2800	2000	1400	1000	2800	2240	2000	1600
	4000	3200	8000	5600	4000	2800	2000	5600	4480	4000	3200
	6000	4800	12000	8400	6000	4200	3000	8400	6720	6000	4800
	8000	6400	16000	11200	8000	5600	4000	11200	8960	8000	6400
	10000	8000	20000	14000	10000	7000	5000	14000	11200	10000	8000

Tabelle 21 Tragkraft in kN von quadratischen Holzstützen aus Nadelholz - Güteklasse II

Kanten-	Stützhöhe (m)				
länge cm	2,00	2,50	3,00	3,50	4,00
10	46,0	35,7	25,9	18,3	13,5
12	75,0	63,5	51,4	39,8	29,0
14	111,0	97,9	84,2	69,6	56,5
16	155,0	139,0	123,0	107,0	91,4
18	206,0	187,0	169,0	152,0	134,0
20	262,0	243,0	222,0	201,0	184,0
22	324,0	304,0	282,0	260,0	238,0
24	394,0	371,0	350,0	326,0	300,0
26	471,0	450,0	423,0	394,0	372,0
28	555,0	528,0	501,0	475,0	447,0
30	648,0	617,0	582,0	562,0	524,0

Tabelle 21a Tragkraft in kN von Rundholzstützen aus Nadelholz - Güteklasse II

Ø	Stützhöhe (m)				
cm	2,00	2,50	3,00	3,50	4,00
10	31,2	22,2	14,6	10,2	-
12	53,2	43,0	32,1	22,8	16,7
14	81,2	68,7	55,8	43,5	32,2
16	114,0	100,0	85,5	71,7	57,0
18	152,0	137,0	119,0	103,0	87,8
20	196,0	178,0	160,0	143,0	125,0
22	244,0	226,0	207,0	186,0	166,0
24	300,0	276,0	256,0	236,0	212,0
26	358,0	338,0	314,0	290,0	268,0
28	423,0	397,0	374,0	349,0	326,0
30	492,0	469,0	442,0	412,0	387,0

Auswahl von DIN-Normen sowie Unfallverhütungsvorschriften für den Bereich Technische Hilfeleistung

	DIN		Ausgabe	Titel
EN	1846	T1,2,3	96	„Fahrzeuge für Brandbekämpfung und TH"
	3088		05/89	„Anschlagseile im Hebezeugbetrieb"
	5687/88	T3		Anschlagketten"
	7470		01/82	„Sicherheitsgeschirre; Haltegurte"
	7478		01/82	„Sicherheitsgeschirre; Auffanggurte"
	14152	T1	07/89	„Luftheber für zulässige Betriebsdrücke 0,5 oder 1bar; Anforderungen, Prüfung"
	14555	T1	05/89	„Rüst- und Gerätewagen"
	14584		09/85	„Feuerwehrfahrzeuge; Zugeinrichtungen mit maschinellem Antrieb; Anforderungen, Prüfung"
	14680		03/84	„Handbetätigte Leitungstrommeln"
	14685	T2	03/84	„Tragbare Stromerzeuger"
	14751	T1,2,3	08/92	„Hydraulisch betätigte Rettungsgeräte"
	14800	T5	04/84	„F-Techn.-Ausrüstung; Mehrzweckzüge"
	14800	T6	04/84	„F-Techn.-Ausrüstung; Hebesatz mit Hydraulikpressen"
	14800	T7	04/84	„F-Techn.-Ausrüstung; Brennschneidgerät, tragbar"
	14800	T8	04/84	„F-Techn.-Ausrüstung; Übergangsstücke für Tankwagen und Kesselwagen"
	14881		01/74	„Feuerwehr-Werkzeugkasten"
	14885		11/89	„Elektro-Werkzeugkasten"
	15020		04/74	„Grundsätze für Seilbetrieb"
	82101		02/76	„Schäkel"
	82220		05/63	„Klappblöcke" (Rollen)
VDE	6280	T10	10/86	„Stromerzeuger mit Hubkolben-Verbrennungsmotor"
VDE	57100	T 728	03/90	„Ersatzstromversorgungsanlagen"
VDE	57100	T410	11/83	„Schutz gegen gefährliche Körperströme"
UVV		GUV 0.1	07/91	„Allgemeine Vorschriften"
UVV		GUV.1.13	02/84	„Forsten"

	DIN	Ausgabe	Titel
UVV	GUV 4.2	01/93	„Winden, Hub- und Zuggeräte“
UVV	GUV 4.6	01/93	„Lastaufnahmeeinrichtungen im Hebezeug-betrieb“
UVV	GUV 7.13	10/91	„Feuerwehren“
UVV	GUV 10.4	03/89	„Richtlinie für Sicherheits- und Rettungs-geschirre“
UVV	GUV 20/28	10/88	„Merkblatt für Sicherheits- und Rettungs-geschirre“
UVV	GUV 67/13	12/87	„Geräteprüfordnung“
UVV	GUV 67/13	12/87	„Geräteprüfordnung“
UVV	VGB 15	10/90	„Schweißen, Schneiden und verwandte Verfahren“

Quellennachweis

Die Roten Hefte W. Kohlhammer GmbH
Heft 3a u. b „Leinen Seile Hebezeuge“
Heft 33 „Mechanik für die Feuerwehrpraxis“
Heft 36 „Ölalarm“
Heft 42 „Feuerwehreinsatz bei Kraftfahrzeugunfällen“

Merkblatt „Stromerzeuger und elektrische Verbraucher im Feuerwehr-Dienst“
Staatliche Feuerwehrschule Würzburg

Lehrunterlage „Geräte zur technischen Hilfeleistung“
Landeshauptstadt Stuttgart Branddirektion

Lehrstoffblätter der Landesfeuerwehrschule Baden-Württemberg
„Grundausbildung“ (FwDV 2/1 und „7“)
„Ausbildung zum Truppführer“

VDE-Schriftenreihe
„Schutzmaßnahmen gegen gefährliche Körperströme nach DIN 57100/VDE 0100 Teil 410 und 540“

Handbuch für den Feuerwehrmann
Hamilton R. Roorberg Verlag 1989

Feuerwehrgrundlehrgang
FwDV 2/2 Druckerei und Verlag Wenzel, 1993

„Bergung im Selbstschutz“
Bundesverband für den Selbstschutz

Unabhängiger Brandschutz Gerätekunde Nr. 7/95 bis 7/97, Manfred Dubig

Sachwortverzeichnis